イケダハヤ

で消耗してるの?

を変えるだけで人生はうまくいく

GS
幻冬舎新書
404

あなたは「自分の人生」を生きていますか？
東京の住みづらさ、働きにくさは日を増すごとに悪化しています。

ぼくはよくわからないシステムのために生きて、
死んでいきたくないので、東京を脱出しました。
中目黒 方面
6

プロローグ
ぼくは東京を捨てました

こんにちは、イケダハヤトです。

ぼくはブログだけで生計を立てている、フリーランスの「プロブロガー」です。

ぼくは現在、高知県の限界集落に住んでいます。出身は神奈川県横浜市、東京で5年ほど仕事をして、２０１４年、縁もゆかりもない高知県に家族３人で移住しました。

本書のタイトルは刺激的なものですが、こうして東京を離れてみると、東京で暮らすことのアホらしさがくっきりとわかります。

東京暮らし、消耗しませんか？

ぼくはもういい加減、東京生活に嫌気がさして、「脱東京」してしまいました。

で、今は「ど田舎」といっても過言ではない場所に住んでますが、これがまた、毎日最高に楽しくて、「なんでさっさと移住しなかったんだろう……」と後悔するレベルなのです。

最近は「移住」が話題ですが、東京から地方への移住というのは、個人の人生というレベルで見ても、めちゃくちゃ合理的なんですよ。この本では、「移住」を全力でポジティブに語っていこうと思います。

はい、そういう話をして聞こえてくるのが、こんな妄言。

「でも、田舎には仕事がない」
「でも、田舎は閉鎖的で、村八分になる」
「でも、コミュニケーション能力がないと、移住なんてできない」

「でも、田舎には面白い人がいない」

「でも、田舎は教育環境が悪いから、子育てには向いていない」

あぁ、これはほんとうに、「妄言」ですよ。驚くほどに、間違っています。どんだけ古い時代を生きているんでしょうか。もう、今は時代が違いますよ。ぼくらが生きているのは、21世紀なのです。

まぁ、どう違ってきているかは、書中で詳しく語っていきます。古い常識に囚われている人にとっては、この本は「目からウロコ」になるはずです。お楽しみに。


東京で暮らすことのハードルは上がりつづける一方で、今後も東京は生きにくさを増していくでしょう。今以上に、若者、老人、障害者、子育て世帯、マイノリティの人々に優しくない街になっていくと、ぼくは見ています。

ぼくらはこどもを2人、3人と育てたかったので、その時点で東京は「ありえない」選択肢となりました。こども3人育てるために、どれだけ苦労しなければいけないんでしょう。住居費、保育料、交通費……「お金のために働きつづける」のは、なんというか、ぜんぜんワクワクしませんよね。

人生は、もっと自由で創造的なものなのです。たかがお金を稼ぐために、理不尽な環境に耐え、自分を殺すことはないのです。

難しい話ではなく、シンプルに「東京を捨てて、別の地方に住んでみる」だけで、生活は劇的に変わります。こどもを育てることは容易になり、生活コストは下がり、それでいて収入は上向きになり、豊かな人間関係のなかで、創造的に生きることができるようになります。これは夢物語ではなく、ぼく自身が実際に体験していることです。なんでさっさと東京を離れなかったんだろうなぁ……。

本書はたぶん、日本で唯一の「超ポジティブかつ具体的に、移住の方法をまとめた書籍」です。新しい環境に飛び込めば、あなたは自分を労なく変えることができます。それはちょうど、サラリーマンでいう「転職」のようなものです。

「地方創生」という言葉が世間を賑わせていますが、今は日本全体で、いい追い風が来ています。東京で消耗するのはそろそろやめにして、地方で創造的に生きましょう。ワクワクしながら生きるのが、結局のところ「善く生きる」ことなのです。

では、お話を始めたいと思います。

まだ東京で消耗してるの？／目次

プロローグ　ぼくは東京を捨てました　4

第1部　東京はもう終わっている　17

なぜ東京は終わっているのか　18
東京に住み続ける限り、どんどん貧しくなる　18
東京では移動時間という人生の無駄遣いから逃れられない　22
東京に住み続けるために35年ローンを背負うリスク　26
東京はコミュニケーションのためのコミュニケーションが多すぎる　27
「事前の打ち合わせ」という東京的儀式　28
東京にいると無意味な出会いが増え続ける　30
「東京には面白い人が多い」というのはまったくの幻想　32
東京では、なぜみんな「忙しぶる」のか？　34
「社畜」という言葉に逃げる東京人　36
東京のシステムに洗脳されるとスーツすら脱げなくなる　37
東京は食が貧しいという圧倒的現実　39
スタバに行列する東京砂漠　41
東京ではトイレですら順番待ち　42

東京の子育ては親に罪悪感を抱かせる 44
「自己責任」という言葉で弱者を見殺しにする東京人の冷酷 46
東京は包摂性を獲得せよ 48

第2部 田舎のほうが圧倒的に稼ぎやすい 51

田舎に移住したら収入が3倍になった 52
「田舎には仕事がない」というウソ 53
イノベーションは地方から始まる 58
地方は資本主義のフロンティアだ 61
地方のビジネスはスピード感が抜群 63
限界集落に移住して収入が800万円から2000万円に上がった 66
地方では静かな環境で集中して仕事ができる 70
時代に取り残されたくなければ地方に行け 72
国を挙げた移住推進は大きな追い風 74
東京の受動的サラリーマンはこの先食えなくなる 76

第3部 限界集落に移住して、こんな幸せになりました 81

地方で豊かな人生を生きなおす 82

月3万円で駐車場・庭・畑付き一軒家に暮らす 82

空き家の可能性はすさまじい 85

「地方ではクルマが必需品だ」という真っ赤なウソ 87

知ってましたか? 最近の田舎は便利です 90

心から美味しいと思えるものが、地方では信じられない安さで手に入る 91

地方に行けば「行列」「人混み」のストレスから解放される 94

地元の特産品を買って地元にオカネをおとす喜び 95

高価な会食より断然喜ばれる「家飲みバーベキュー」 97

東京では味わえない「季節を感じる」幸福感 100

「悪い人の絶対数」が少ないという地方の安心感 102

助け合いの文化が根付いている地方の心地よさ 105

みなが口を揃える「田舎は閉鎖的だ」というウソ 107

何があっても「食うには困らない」という地方の優しさ 109

山奥では水道代、ガス代がかからない 111

地方移住で過酷な子育てから解放される 112
地方に行くとレジャーに革命が起こる 114
「生きる力」を育む地方の未来型教育法 116
心が豊かになるおすそわけ文化 120
オクラでタイを釣った話 121
山奥に住んでから健康になった 123
移住してから夫婦関係がよくなった 125
人間としての「正常」な状態を地方で取り戻す 126

第4部 「ないものだらけ」だからこそ地方はチャンス
——イケダハヤト式ビジネス紹介 129

地方では次々とやりたいことが湧き起こる 130
東京で「やりたいことが見つからない」のは当たり前 130
「イケハヤ商店」はじめました 133
「どぶろくドットコム」で年商1億円 134
「ブログ書生」になりませんか? 137

「うつ病村」を作ります 139
空き家のリノベーションと「民泊」で外国人観光客を呼び込む 141
山を買い取ってキャンプ場経営 143
タイニーハウス村は絶対流行る 144
「イケハヤ温泉」を経営したい 146
「バイオトイレ村」を作って、有機ワイン製造 148
「イケハヤ太陽光パネル」を販売 149
障害者の方々を雇用して、自伐型林業で稼いでもらう 151
特製「こおろぎパン」を販売 153
土地を使ってあなただけの自己表現ができる 155
「ないものだらけ」だから、ビジネスのアイデアが生まれる 158
住民税を納めることが喜びに変わる 160
自分の手で「国」を作りませんか? 161

第5部 移住で失敗しないための5つのステップと知っておくべき制度 165

移住の事前知識はひとまずこれでOK 166

移住で失敗する黄金パターン 166
移住地には難易度がある 168
ステップ1 「やりたくないことリスト」を作る 171
ステップ2 生の声を聞く 173
田舎に行きたいなら「二段階移住」が大前提 175
ステップ3 移住前に旅行して、知り合いを作っておく 177
ステップ4 物件を探す 178
ステップ5 仕事を探す 180
「地域おこし協力隊」の落とし穴 182
「お試し移住」でプチ移住体験 186
「多地域居住」という未来的な選択肢 188
東京にいながら「移住コンシェルジュ」の知恵を借りられる 189
移住支援は自治体よりNPOがおすすめ 190
いま腰を抜かすほどの補助金が出ています 193
「空き家バンク」でお宝物件探し 195
お得なシェアオフィスで地方に拠点を作ろう 197

特別収録 妻へのインタビュー 200
妻の本音 200
移住のデメリットは？ 200
移住して良かったこと 202
今後の生き方 203
移住による価値観の変化 204

エピローグ
あなたがダメなのは、あなたが無能だからではなく「環境」が悪いだけ 207

おまけ 移住に関する「よくある質問」 215

第1部
東京はもう終わっている

なぜ東京は終わっているのか

多くの日本人が、未だ「東京信者」であることは、ぼくからすると超不思議なことです。もう東京は「つまらない」街になってしまいましたし、何より生活・仕事の面での不利益が多すぎます。そろそろ東京に対する思い込み、信仰を捨てて、現実を見ましょうよ。21世紀のこの時代において、ほんとうに合理的な選択肢はどこにあるのか、ということです。

というわけで、実際に東京から高知に移住して感じた東京のデメリットについて、つらつらと語っていきます。まだ東京で消耗してるの？

東京に住み続ける限り、どんどん貧しくなる

「地方には雇用がない。東京に行けば良い仕事がある」

「田舎にいる限り、いつまで経っても生活は良くならない。だから東京に行かなくちゃいけない」

そんな幻想を抱いている方は、まだまだ多いですよね。実際、東京都には1300万人を超える人々が住んでおり、少子高齢化時代を迎えつつある今も、性懲りもなく続々と人

が集まってきています。

国内外の観光客は増える一方ですし、東京の主だった場所では中国や台湾、韓国を始めとする外国人観光客がひしめいています。

マンションやビルの建設ラッシュも衰えることはありません。2020年の東京オリンピックに向けて、これから五輪バブルに拍車がかかっていくのでしょう。

そんな東京で暮らしさえすれば、稼げる仕事を見つけ、田舎よりも豊かな暮らしができるのでしょうか。

いやー、それは話が違うでしょう。断然、貧しい暮らしになると思いますよ。

たしかに、東京では、地方都市よりも高い時給、日当をもらえます。土木作業やコンビニのバイトにしても、地方よりたくさん報酬を得られるのは事実です。会社員の給与やボーナスにしても、一見すると、東京の企業のほうが潤っているように見えます。

が、東京での「暮らし」を総合的に見れば、その貧しさは明らかです。馬車馬のように働いたところで、高度経済成長期のような「所得倍増」なんてありえません。働いても働いても年収は上がらないのが、これからの時代です。

何より厳しいのは「住宅コスト」です。せっかく稼いだ給料も、その多くが「東京に住み続けるための経費」として吸い取られてしまいます。

あまり知られていないことですが、東京の家賃は高止まりを続けており、実はバブル期と水準が変わっていません。一方で雇用は不安定になり、所得も下がっているため、生活費における家賃負担率はじわじわ上昇を続けています（参考：ビッグイシュー基金「住宅政策提案書」）。

家賃の安い「公営住宅」に入ることも超困難で、東京ではエリアによっては倍率が「数百倍」に達します。生活が苦しくても、運が悪ければいつまで経っても入居できません。実際、若者世代が公営住宅に入居できることは稀です。

そうして出てきたのが「脱法ハウス」を始めとする、超劣悪な住宅です。これは若者に限らず、生活保護で暮らす高齢者の方々も、劣悪な「無料低額宿泊所」に追いやられています（２０１５年に川崎市で、死者９人を出した火事があったことも記憶に新しいです）。

せめて「低所得者や子育て世帯は家賃を減免する」といった政策的なサポートがあればいいのですが、そんな話はほとんど聞こえてきません。東京においては、未だに家の確保は強烈すぎるほど「自己責任」なのです。

人が密集して住めば、それだけ土地のコストは上がり、居住環境も悪化します。東京の土地が倍増するはずもなく、今後も家賃は高止まりを続けていくでしょう。弱い立場にある人や、中流層はどんどん「住みにくく」なり、低所得・高負担という状況から抜け出すことができなくなります。

ある程度お金がある場合は「賃貸より安いし、仕方ないから35年ローンを組んで、物件を手に入れる」という決断をし、自分の人生を縛られてしまいます。

東京の住宅事情は、ぼくから見ると「アリ地獄」のような状況です。苦しい人は次々と落ちていき、豊かな人も落ちないように必死で張り付く。「住む」ことに関して、これだけハードルが高く、それでいて社会的な意識が低いエリアは、世界中を探してもそうないと思われます。しかも、そのハードルは上がり続ける一方。

地方に出れば、住宅コストの問題は大幅に緩和されます。2015年現在において、これは東京から地方へ移住する最大のメリットといえるでしょう。

どのくらい安いかというと、ぼくが今住んでいる家は、築浅（築3年）の一戸建て・庭と畑付き・駐車場付きで、家賃3万円です。隣の家とも距離があるので、こどもが大騒ぎしても問題なし。これ、東京じゃありえない価格ですよね。

ちなみに新築価格も桁違いに安く、地元の方いわく「土地付きで1000万もあれば十分すぎる」とのこと。35年ローンを組まずとも、頑張れば一括で買えちゃうレベルです。フリーターでも家買えますよ。

というわけで、ぼくが東京に暮らすことをやめた最大の理由は、住宅コストの高さと、住宅事情の劣悪さです。

まだ毎日残業して、東京のウサギ小屋に高い金払ってるの？

東京では移動時間という人生の無駄遣いから逃れられない

居住環境という話に続いて、「通勤」という悪習を取り上げましょう。

東京近郊に住んでいると、「片道1時間以上かけて通勤する」というのは決して珍しい話ではありませんよね。これをお読みの方のなかにも、毎日2時間以上、通勤している人がいると思います。いやー、信じられない。なにその人生の無駄遣い。今日死んだら後悔しませんか？

ぼくが東京を離れたのは、移動に嫌気がさしたからです。毎日毎日、移動してばっかりで、やるべきことに集中できないんですもの。

「移動時間の無駄」に気付いていない人は仕事ができない、とぼくは常々断言しています

（ブログでこれ書いたら炎上しました。が、結論は変わりません）。

移動に時間とエネルギーを費やしてしまう以上、成長ペースは鈍化し、仕事のパフォーマンスも改善せず、年収は上がりません。当たり前の話です。毎日2時間以上、ドブに捨てているわけですから。

かくいうぼくも、サラリーマン時代を振り返ってみると、けっこうな時間を移動に費やしていました。とても反省しております。マーケティングコンサルタント時代の典型的な1日は、こんな感じでした。

・出勤（日本橋〜渋谷まで、ドアツードアで40分）
・クライアントのオフィスに移動（ドアツードアで片道30〜45分）
・次のミーティングのために移動（片道20〜30分）
・渋谷のオフィスに戻る（30〜45分）
・帰宅（40分）

愕然とします。移動だけで1日2時間以上使っているじゃないですか。ミーティングが多い日は、3時間以上移動するのも珍しくありません。新幹線移動が入る日なんかは、移動だけで5時間以上かかったり……。

サラリーマンをやめて、高知に移住してからは、すっかり「在宅ワーク」が中心になりました。当たり前といえば当たり前なんですが、会社を辞めて自宅で仕事をするようになって、仕事の効率が明らかに改善したんです。

ごくごく普通に考えて、「1日2時間以上、パソコンに向かって作業をする時間が増えた」わけです。ついでにいうと、社内の無駄な「打ち合わせ」も減りましたし、満員電車で消耗することもなくなりました。そりゃ、仕事のパフォーマンスは上がりますよ。

往復で2時間を通勤に費やす人が、年間250日働いた場合、ざっくり500時間、通勤している計算になります。

で、ぼくは500時間もあれば、ブログ記事を2000本は生産できます。2000本の記事を書くことで、年商で1000万円程度を稼ぐことができます。

みなさんが時間とエネルギーを消耗している間に、ぼくはコツコツ仕事をして、あなたの年収を超えるお金を稼いでいるんです。こんなことは当たり前ですよ、だってぼくは「通勤」してないんですもの。年間500時間も集中できる時間があれば、誰だってお金を稼ぐのはうまくなります。

加えていえば、ぼくはみなさんよりも早めに仕事を切り上げています。最近は16時台にはPCを閉じるようになりました。通勤をやめたら、家族との時間も増えました。

さて、こういうことを書くと「私は電車のなかで読書をしているので、時間を有効活用している！　無駄なんかじゃない！」とか反論が来るんですが、それ勘違いですよ。

当たり前のことですが、家で読書していた方が明らかに効率はいいです。メモも取りやすいし、調べ物もしやすいですし、他の本の参照もしやすいし、途中で中断されることもありませんし、必要に応じて昼寝もできますし。

「移動しながら」という条件下においては、あらゆる作業の効率は落ちます。まずはそれを認めましょう。

ぼくはあなたが汗臭い満員電車で頑張って本を読んでいる時間に、誰もいない静かな部屋でのんびり日本酒を飲みながら本を読んでいるのです。

ぼくが東京を離れたのは、移動にかかる時間とエネルギーを、もっと別のことに使いたかったからです。東京在住のみなさん、いま一度、移動にどれだけ人生を費やしているかを自己点検してみてください。嫌気がさしたら、それは移住する理由になりますよ。

東京に住み続けるために35年ローンを背負うリスク

さて、移動時間の無駄に気付いた賢い人々は「職場の近くに住もう」と考えます。これはとても賢明な判断です。しかし、前述の通り、東京は住宅環境が劣悪。職場に近い都心部で、家族3〜4人が十分な居住スペースを確保するのは至難の業です。

2〜3LDKの賃貸マンション、戸建て賃貸住宅だと、都心だと月15万円近くなりますよね。年間200万円近くが家賃で消えていくわけです。なかなかアホらしいです。

というわけで出てくるのが、「東京都心でも35年ローンを組めば支払いは毎月10万円から12万円で抑えられる」という意見。

いやー、なんですか、その本末転倒な感じ。

たかが家のために、35年もの長期間、借金を返済し続けるんですか？　35年後って、2050年ですよ？　35年間、お金を稼ぎ続けられる確信があるんですか？　転売するといっても、価値は下がりますよ？　他人事ながら心配になります。

なにも疑わずにサラリーマンを続けてしまっている真面目な人ほど、ローン、つまり借金に人生を縛られます。「返さなければいけないお金がある」というプレッシャーで自分を追い詰め、長期間にわたってプレッシャーに身をさらしながら必死で働き続ける。安心を得るために、自分の自由を失っていることに気が付かない。

弊害が多すぎる35年ローンは、そろそろ「法規制」したほうがいいとぼくは考えています。ギャンブルに対する一応の規制がある日本で、なぜ「35年ローン」という人生をかけた荒唐無稽なギャンブルがまかり通っているのか、よくわかりません。

身の丈にあった買い物をしましょう。ご利用は計画的に。東京は「身の丈を越えなければ住宅を確保できない」という時点で、なにかおかしいんですよ。

東京はコミュニケーションのためのコミュニケーションが多すぎる

仕事の面でも、東京は非効率的です。その意味で、ぼくは東京で仕事をし続けると、「仕事ができない人間」になっていくと考えています。

巨大都市東京は、もはや一つの国家のようなものです。何をするにしても「話を通す」ために、膨大な労力が求められます。

評論家の宇野常寛さんは「東京は、コミュニケーションのためのコミュニケーションが多すぎる」と語っています。これ、すごくわかります。

ご存知の通り、東京では、誰かと仕事を進めようとしても、まずは「上司のハンコ」が必要です。上司の承認を得たら、次はその上の上司のハンコが求められます。まだまだ話は続いて、最後は「役員会」での承認が必要だったりします。

「こんな企画やりませんか?」「いいですね!」と担当者同士で盛り上がっても、「まずは上司の承認をもらわないと……」という具合に、「コミュニケーションのためのコミュニケーション」が求められるのです。そしていつしか熱も冷めていき、上司のハンコを押すたびに、企画のエッジも落ちていく。あぁ、東京のこのうんざりメカニズム。

本来、トップの決済さえもらえば、さっさと話は通るんです。しかし、慣習的に、組織の階段を1段ずつ昇る必要がある。そうして、「説明するためだけ」の資料作りや打ち合わせが増えていくわけです。これじゃ、仕事ができるようにはなりませんよ。「調整」がうまくなるだけです。

これもすべて、東京には「人が多すぎる」からです。コミュニケーションを取りたい相手がいても、その間に無数の人が介在しているので、話がちっとも進まないのです。

「事前の打ち合わせ」という東京的儀式

というわけで、東京で大きなプロジェクトを進めるためには、膨大なミーティングを重ねて合議に次ぐ合議を繰り返さなければなりません。「偉い人」が出席する「本編の打ち合わせ」にたどり着くのは、容易ではありません。

そこで出てくる最悪ワードが「事前の打ち合わせ」。「とりあえず、〝事前の打ち合わせ〟を一度やっておきましょうか」。なんという悪夢！

「打ち合わせのための打ち合わせをする」というシュールな状況は、東京ではごく一般的にまかり通っています。これをお読みのみなさんも、今日、「打ち合わせのための打ち合わせ」をしたかもしれません。

下手すると「打ち合わせのための打ち合わせのための打ち合わせをする」と、ほとんど早口言葉のごとき状況にも陥ります。大企業時代、ほんとうにありました、これ。みなさん、お疲れさまです。

そしてまた、「本番の打ち合わせ」にやってきたラスボスが、今まで営まれてきた「事前の打ち合わせ」の内容に不満を示し、全部話をひっくり返してしまうこともあるので、ほんとうにやってられません。ギャグマンガですか。

やはりこれも、人が多すぎるからなのです。意味のない会議に参加しているだけで、偉い人に説明をしているだけで、仕事した気分になる。実際、何も世の中は変わっていないのにも拘わらず。こんなやり方でうまく収益を上げられるわけがありません。

打ち合わせは無料じゃないんですよ。交通費、人件費、会議室の維持管理費や空調代、お茶代……ちょっと考えるだけで、青ざめるような数字が弾き出されるはずです。東京の人々は、無駄な打ち合わせのために、日々自分たちが消費しているコストを計算してみるべきです。

言わずもがな、高知に移住してからは「打ち合わせのための打ち合わせ」なんてものは完全に縁遠くなりました。人が少ない地方は、何をするにも話が早くて助かります。

東京にいると無意味な出会いが増え続ける

東京的悪習「打ち合わせ」について、もう少し語らせてください。

打ち合わせのためにお互いが取るアポイントの時間は、だいたい「1時間」と相場が決まっていますよね。ぼくは多くの方と打ち合わせをしてきましたが、不思議なほど「1時間」枠は統一されていました。

今日の天気や旬なニュースの話題なんかを軽く挨拶がわりにして、あとは1時間きっかりで終わるように済ませる。そしてまた、次の打ち合わせに繰り出す。これが東京式のドライな打ち合わせです。このスタイルに何の疑問も持たない人も多いと思います。

ぼくも東京にいた時分、1日に4～5件もアポイントを入れていた時期があります。で、そのうち、あとまで記憶に残る出会いは5％もありません。穴の空いたザルに水を入れ続けるような、ずいぶんもったいない時間の使い方です。そうやって大量のアポを入れながら、忙しく仕事をしている気になっていたのでしょう。

なぜこうなるかというと、東京に住んでいると、物理的に距離が近いんで、気軽に会ってしまうんですよね。本来は会う必要がないのに、会える距離だから会ってしまう。経験したから言いますが、これは避けるべきことです。

東京って、どこかで線引きをしないと、雪だるま式にアポが増えていくんですよ。

「じゃあ、あの人を交えて今度また飲みながら打ち合わせしましょう！」

そうして、どうでもいい人との出会いが続き、名刺ばっかりたまっていくわけです。

高知に来てからは、さすがに物理的に距離があるので、気軽に人と会うことは減りました。県外の友人が毎月1～2名来るのでそのタイミングで会います。あとは仕事の打ち合わせと取材が、月に4～5件。講演を入れても、予定が入るのは月に10件程度です。

これは地方移住の大きなメリットでした。ぼくはクリエイターなので、やっぱり文章を執筆、編集していたいのです。人に会うのは「たまに」で十分。リアルに会う必要もなくて、ビデオチャットで十分です。人生の時間は有限なので、どんどんコンテンツを生み出し、少しでも、社会に変化を与えたい。

やるべきことに取り組めるようになれば、自然と自分の価値も高まっていきます。「たくさん人に会わないといけない」みたいな思い込みは、かえって自分の価値を落とします。

地方移住のメリットは第2部で詳しく語りますが、高知に来てから、出会いのひとつひとつの「重み」が増した感じがあります。東京だったら名刺交換で終わっていたであろう人たちと、高知では深くつながることができます。人が少ないので、お互いを知る機会、一緒に何かを仕掛ける機会が増えるのでしょう。

東京は人が多いので、出会いやすい一方、そのひとつひとつの出会いは「薄く」なります。ぼくはもう、薄っぺらい出会いにはうんざりしちゃったんですよねぇ。

「東京には面白い人が多い」というのはまったくの幻想

「東京には面白い人がたくさんいるから、地方には行きたくない」

これもよく聞く幻想ですねぇ。ウソですウソ。何を言ってるんですか。

地方には東京にはいないタイプの、破格の「面白い人」たちがたくさんいます。移住してから頻繁に衝撃を受けてますよ。地方で活躍している人の方が「規格外」であることが多く、むしろぼくは東京で活躍している人の方が、「型にハマっていて」つまらなく感じるようになりました。

というか、地方に面白い人がいないとしても、「会って話を聞いてみたい面白い人」がいたら、呼んでしまえばいいんですよ。講演会のひとつでもこしらえれば済む話です。実際、ぼくは高知に来てから「自分が会いに行くのではなく、会いたい人を高知に呼ぶ」ようになりました。

この1年半でも、連続起業家の家入一真さん、未承認国家・ソマリランドで大学院を作った税所篤快さん、クラウドワークス代表の吉田浩一郎さんなどなど、「この人に会って話を聞きたい！」という人をたびたび呼びつけて、講演会をセッティングしています。意外とみなさん来てくれるんです。

堀江貴文さんもこのように語られていました。

「一流の人に会いたいって人多いけど、むしろその一流の人が会いたいって思うような自分になるのが一番の近道だと思います」

まさにその通りだと思います。相手から会いたいと思われるような存在にならなければ、たとえ面白い人と会ったところで意味はないでしょう。

また高知に来てもらってお話しすることで、出会いの質も高まります。ほら、東京って、出会いが薄っぺらいじゃないですか。ルノアールでコーヒー飲んで話聞いて終わり。もし高知まで来てくれれば、お酒を飲んで美味しい食べ物に舌鼓を打ちながら、二次会、三次会と濃密な話ができます。地元で活躍している面白い人たちを紹介しながら、「高知で一緒にこんなこと仕掛けましょう！」と、話が広がることもあります。

地方にも面白い人はわんさかいますし、地方でも、東京の面白い人とは出会えます。むしろ、その出会いは東京のそれよりも、濃密になります。まだ東京で薄っぺらい出会いを重ねているの？

東京では、なぜみんな「忙しぶる」のか？

東京でサラリーマンをやっていて感じたのですが、みんな「忙しぶって」ますよね。駅のホームでは、携帯電話でひっきりなしにしゃべりながら手帳に必死でメモを取っているサラリーマンをよく見かけます。もはや風景。電車の中でノートパソコンを広げ、エクセルやパワーポイントを開いてすさまじい勢いでタイピングする。イスに座って作業するならまだしも、立ったまま片手でパソコンを持ち、もう片方の手でタイピングする当世風のモーレツサラリーマンもいます。

なんでしょう。そんなに頑張る必要はあるのでしょうか。なにかこう、「忙しい自分」が好きなのではないか、と邪推したくなります。

そんなに無理して働くのは、仕事ができない証左であることに気付きましょう。パンパンに予定とタスクが詰め込まれた状態では、人は新しい価値を生み出すことはできませんから。空白にこそ、創造性は宿るのです。忙しいというのは、文字通り「心を亡くす」ことですから。

静かで落ち着いた環境に身を置き、やるべきことを密度高くこなしていく。時計を見ながら相手としゃべるのではなく、時間を気にせずじっくり話し込む。こういった余裕を確保することは、東京ではたいへんに困難です。自分は良くても、周りの人がとにかく忙しすぎるので。

見方を変えると、人々は東京という街によって「忙しさ」をインストールされているように見えます。サラリーマンもこどもも、主婦も、定年退職した老人さえも、「忙しい」

ことを受け入れています。1分単位で動くことを当然とし、ある種の「美徳」にしてしまっている。

東京を離れてみると、東京の忙しさがいかに異常であるかに気付くことができます。そして、その不毛さにも。忙しさは仕事の質を落とすだけです。さっさと東京を出て、忙しさを感じなくて済む環境で、やるべきことをやりましょう。

「社畜」という言葉に逃げる東京人

ある若手サラリーマンが、ぼくのブログの相談コーナーに「サービス残業をやめられません」と投稿してくださいました。

この人に必要なのは、「帰る勇気」です。

なんとも情けない言葉ですが、東京という巨大なシステムの内部に追いやられると、人間はこういう基本的な行動力すらも失ってしまうのでしょう。社会人なんだから、帰るか帰らないかなんて、自分で判断すべきなんですけどねぇ。

ぼくはサラリーマン時代、いい意味で空気を読まず、ほぼ毎日定時で退勤していました。当たり前です。定時後は家族と過ごすための、自分の貴重な時間ですから。いつしか会社のなかでは「イケダは必ず定時に帰る」という空気が形成され、残業していると「今日は帰らないの？」と聞かれるほどになりました。法的には帰ってまったく問題ないのですから、残業に悩む暇があるのならほんの少しの勇気を出して、「定時に帰るキャラ」になればいいんですよ。

東京は、健全な範囲で個人が持つべき「勇気」を、しおれさせるメカニズムが働いています。東京で生活をし、仕事をすると、勇気と覚悟のない弱々しい人間に成り下がっていきます。そうしていつのまにか、「俺は社畜だからさ」と、自分の行動力のなさを、自分で冷笑するようになるわけです。

自分を守るためなのはわかりますが、それでは「自分の人生を生きること」から遠ざかっていくんですよ。

ぼくはよくわからないシステムのために生きて、死んでいきたくないので、東京を脱出しました。

東京のシステムに洗脳されるとスーツすら脱げなくなる

「ザ・東京」を感じるのが、真夏にスーツを着て汗だくになっている人たち。脱げばいいのに……。「暑けりゃ服を脱げばいい」ということは、幼児でも知ってますよ。

こういう人たちもまた、東京というシステムに勇気を去勢されているのでしょう。

「スーツを脱ぐ勇気」を持てない大人たち。しょぼい話ですが、事実なのが悲しいです。

クーラーの効いた社用車に乗って出勤する経営者ならまだしも、酷暑のなか電車を乗り継いで出勤しなければならないサラリーマンが、首までぴっちりフル装備を着込むとか、完全に意味不明です。サウナ？　ダイエット？

ただでさえ満員電車はエネルギーを消耗するのに、コンクリート砂漠で無駄に体力を消耗する。こんなワークスタイルでは、成果が出ないのは当たり前です。非合理的ですねぇ。

スーツで真夏の満員電車に乗り込むサラリーマンは、「みんながそうしているから自分もそうする」とシステムに洗脳され、個人としての自然な欲望が歪められているのです。

何が悪いかというと、猛暑のなかで体力を消耗することで、仕事のパフォーマンスは下がるんです。本気で働いてみればすぐにわかりますよ。体が疲れると成果が出にくくなるのは、当たり前のことです。

逆にいえば、ほとんどの「真夏にスーツ族」は、集中して仕事をしたことがないのでしょう。その効率の悪さに気付いていないということですから。

東京は食が貧しいという圧倒的現実

東京の貧しさは、「住」環境だけではありません。なんといっても「食」！ これがもう、辛すぎるほど貧しい。

「東京には世界中からうまいものが集まっているじゃないか」という悲しい反論が聞こえてきます。違いますよ、ぼくは普段の、毎日の食生活の話をしているんです。そりゃ高い金を出せばうまいものは食えますよ。毎日の食生活のレベルが、非常に貧しいと言っているのです。

まず、東京は野菜が高くてまずい。トマトなんて1玉100円でも安いですよね。高知では100円で普通に3～4玉買えます。しかも「朝どれ」の新鮮なヤツを。地方で育った方は、キュウリやニラ、枝豆など、身近な野菜が、「東京で食べるとぜんぜん美味しくない」ことを知っていると思います。全国から野菜を運んで陳列している以上、東京の野菜は鮮度が悪くなり、コストも高くなります。東京の野菜をなんの違和感もなく食べ続けている人は、ある意味で幸せだと思いますよ。

東京は、居酒屋やレストランも残念クオリティです。東京に出張したとき、しばしば仕事のパートナーと一緒に飲みに行くことがあります。……いやはや、ご飯が美味しくないことといったら、もう苦痛です。東京の居酒屋なんて、しょせんアルバイトが調理してますからねぇ……。

ぼくは出張時、迷いに迷ったあげく、やっすい立ち食いそばかラーメンで済ませてしまいます。変に居酒屋とかレストランに入ると「高知の方が圧倒的に美味しくて安いのになぁ……」と思っちゃうんですよね。

家族で帰省した際に、仕方なくチェーンの和食レストランに入って高めの「アジの刺身定食」を食べて、アジが薄くて生臭くて、激しく残念だったことを未だに強く記憶しています。そんなまずくて高いアジ定食を前にして、うちの妻は「こういうお店の食事って、作っている人が『自分で食べたい』と思っていないものを出してるよね」という名言を残してくださいました。あぁ、ほんとうにそうですよね。こんな生臭いアジ、美味しいと思うわけないですもの。

食というのは毎日のことです。地元の米と酒、新鮮な野菜と魚、そして生産者がこだわった肉。地方に移住すれば、こういった食材がごく身近なものとなり、食生活のクオリティが格段に向上します。東京から地方に居を移すだけで、毎日食事に感動する生活が始まりますよ。まだ東京でマズ飯食べて消耗してるの？

スタバに行列する東京砂漠

食事といえば、行列もすごい。

たまに東京に出ると、どこに行っても混んでいてげんなりします。「ちょっと疲れたから、カフェで休憩しよう」と思っても、そこを仕事場にしているノマドワーカーやサラリーマン、主婦、学生などが陣取っていてなかなか座れません。で、また違うお店を探してさまようわけです。

「休憩するための場所を確保するために消耗する」とか、オアシスを探して歩き回った挙句、そのまま砂漠で力尽きそうなアフリカゾウになった気分ですよね。ザ・東京砂漠。

先日はキャリーケースを持っていたため、ほんとうに入れるカフェが見つかりませんでした。もちろんコインロッカーは満室。次のアポまでは2時間。うーん、どうしよう。

仕方なく、都会のオアシス「新宿御苑」に移動してのんびりしようと考えました。が、そのときはたまたまお花見のシーズンで、入り口で手荷物検査をやっていたのです。どうも、「お酒を持ち込む人がいないか」チェックしているようです。

「東京って、花見なのに飲んじゃだめなの!?」と強烈に衝撃を受けつつ、キャリーケースのなかにお土産の日本酒が詰まっていることを思い出し、とぼとぼと東京砂漠を歩きましたとさ……。

結局その日は高層ビル街の花壇に腰掛けて、次のアポまでの時間をつぶしました。東京はほんとうに人が多すぎます。高知では、カフェで行列することなんてまずありえませんよ。

東京ではトイレですら順番待ち

行列といえば、トイレに入るために行列を作らなければいけないところも、東京の最悪なところです。こればかりは、ほぼすべての読者に同意いただけることでしょう。

朝のトイレなどは、中から新聞紙がシャカシャカとこすれる音が聞こえて「こいつ、絶対トイレの中で新聞を読んでいるだろ!」とイラッとしますよね。思い出しただけで腹立ってきました。

ぼくはお腹が弱い方なので、東京時代はほんっとーに「トイレ確保」に苦労しました。

ほら、東京の駅のトイレって、そもそも「どこにあるかわからない」じゃないですか。

たり。

ようやく見つけたと思ったら、改札の外とか、隣のホームにあったり、男性用じゃなかったり。

お腹がゆるくて困っている人は、「どこでトイレをしたらいいのか」を常に考えながら移動しなければいけないわけです。なんですかこの無駄なゲーム性。

しかも、東京のトイレはどこも混んでます。ようやくたどり着いたとしても、すぐに入れるとは限りません。もはや罰ゲーム。トイレ確保の難しさも、東京に戻りたくない大きな理由のひとつです。尋常じゃないストレスですよ、あれ。

高知では、もちろんトイレに悩むことはありません。駅のトイレも常に空いていますし、コンビニもこころよく貸してくれます（なんと、商品を買わなくても、利用できます！）。車で移動することも多いので、催したらすぐに対応することができます。「次の駅まで10分かかる……」という状況はありえないのです。

余談ですが、ぼくは「歯磨き」がとても好きでして、1日5回は歯を磨きます。が、東京って「歯磨きできる場所」が少ないんですよ。駅のトイレは論外、会社のトイレも、ファミレスのトイレも狭くてダメ。東京は歯の健康にも悪い場所なのです。

カフェで休むこともできず、トイレで用を足すこともできず、歯磨きもできず……どれだけ「我慢」しなければいけないんだと、東京に帰るたびに感じます。これじゃうつ病になる人も増えますって。

東京の子育ては親に罪悪感を抱かせる

トイレというのは軽いテーマですが、今度は重いテーマ。「子育て」についてです。東京での子育てに絶望したことは、移住を決めた最大の理由です。

ぼくたち夫婦は娘が生まれたタイミングで、品川区から、妻の実家がある多摩市へ引っ越しました。家賃が月額8・4万円、広さ20畳の巨大ワンルームに住んでいました。ワンルームなので、とても子育てには向いているとは言えない物件です。我ながら謎のチョイスですが、値段を考えると、これ以上ぜいたくは言えなかったのです。もうちょっと条件がいいところだと、とたんに10万円のラインを超えてしまいまして……。

東京で子育てをしていると、親は罪悪感を抱く羽目になります。

こどもが飛んだり跳ねたり騒ぐのは、もっとも原始的で当たり前の欲求です。ところが都会においては、こどもが自宅でジャンプしたり大声を上げることが許されません。わが家も娘がドタバタと走ると「ちょっと静かにね」と注意するような生活を送っていました。

すまない、娘よ……。

無論、悪いのは暴れたり騒いだりするこどもではなく、「住んでいる環境」です。有り余るエネルギーを思いきり爆発させることが許されず、ちょっとでも騒いだら「静かにしなさい」と大人から叱られてしまう。親にとっても、こどもにとっても、ちっとも健全ではありません。

東京では社会的な子育て支援も不十分です。ほんとうに少子化を食い止める気があるのか、疑問に思わざるをえません。

ご多分にもれず、多摩市在住だったわが家も「待機児童問題」にもぶち当たりました。希望の保育園に入れることはできず、隣町の徒歩20分ほどの園しか入れませんでした。しかも、そこは地元の評判もいまいち。雨の日も風の日も毎日坂を越えて送り迎えして、いまいちらしい保育園にわが子を預ける……というのはちょっとありえない選択肢です。

ブラックジョークのような話ですが、こどもを保育園に入れるために偽装離婚する人もいるそうです。シングルマザーは点数が高いですから、保育園にこどもを入れるためには有利なんですね。

子育ては社会全体で応援するのが当たり前なのに、都心では待機児童があふれてみんな困っている。東京では保育園入園という死活問題に親が悩み苦しみ、それこそ偽装離婚するほどの、無駄な努力とエネルギーを払わなければいけないのです。

「育児環境」ばかりは、東京は圧倒的にダメです。

あんな環境では、第二子、第三子を持つことは憚(はばか)られ、罪悪感を抱きながら子育てすることになってしまいます。無論、子育てをすることで家計の苦しさが増すことも、大きな問題です。保育料に毎月10万円を払うような家庭は、もう珍しくありません。ぼくの知人は毎月12万円払っています。なんという非合理でしょう。東京を離れれば、かなり子育てはしやすくなりますよ。「こどもの自然な欲求を抑えつけなくていい環境」が手に入りやすいのは、すばらしいことです。

「自己責任」という言葉で弱者を見殺しにする東京人の冷酷

東京はこどもと親に厳しいだけではありません。根本的に「弱者」に厳しい街なのです。

ぼくはホームレスの人たちを支援する雑誌「ビッグイシュー」のオンライン版編集長を務めています。駅前でホームレスの人が手売りしているのを見たことがある人もいるかもしれません。雑誌「ビッグイシュー」はホームレスの人々が販売する雑誌で、350円の雑誌が1冊売れると、販売者に180円の報酬が入ります。1日30冊売れば5400円の日当というわけです。

ともすると、ホームレスの人たちは「ただの怠け者だ。家も仕事も失ったのは自己責任だろう」という目で見られがちです。また、ホームレスの人たち自身が「こうなったのは自分のせいだ」と思い込んでいるケースもあります。が、それは間違いなんですよ。

わかりやすいケースだと、生まれつきなんらかの障害があるにも拘わらず、診断されないまま大人になって、就職に失敗して路上に放り出される方々も多くいらっしゃいます。

名古屋市で行われた調査では、対象となったホームレス状態の人々の3割に、知的障害の疑いが見られました（池袋で行われた調査でも、同様の結果が出ています）。「知的障害がある」ということは、本来ならば、福祉のネットワークによって支えられるべき人々だということです。診断を受ける環境がなかったために、そのまま路上に追いやられてしまう。こういうケースは、果たしてほんとうに「怠け者の自己責任」なのでしょうか？

ホームレス状態の方々、生活保護を受けている方のなかには「ギャンブル依存」に苦しんでいる方もいます。

そういう状況に対して、多くの日本人は「生活保護をもらいながらギャンブルにハマっているなんて許せない」「ギャンブルにハマった挙句ホームレスになったなんて、自己責任だ」と断罪します。

が、これもまた的外れです。いわゆる「ギャンブル依存症（病的賭博）」は治療、サポートが必要な「病気」であり、私たちは積極的に手を差し伸べなければなりません。病気の人を放置しても、その人は救われませんよね。

実際、諸外国ではギャンブル依存症は、社会的に支援をすべき病気として認識されています。それは当然のことで、ギャンブル依存症の人を放置したところで、問題は何も解決せず、むしろ悪化していくことが予見されるからです。

東京は包摂性を獲得せよ

育児にせよ、ホームレス問題にせよ、ギャンブル依存症にせよ、本来ならば「社会の責任」として扱うべきテーマを、「個人の自己責任」で片づけてしまう。これが東京の貧しさ、住みづらさの根源です。

東京は「あなたがどうなろうと、私には関係ない」という冷たい排他性が顕著に共有されているのです。田舎なんかより、よっぽど「よそ者に排他的」であることに気付いてください。

東京という都市が「包摂性」を獲得しない限り、格差は広がり、治安は乱れ、多様性は失われ、経済も衰退していくでしょう。そして残念ながら明るい未来をこの世紀で獲得することは、難しいと考えています。22世紀くらいになったら、話は変わるのかもしれませんが。

東京のようなシステムが肥大化した街に住むと、個人として備えているはずの自然な倫理が損なわれ、「落ちてしまった人間」を受け入れる余裕がなくなるのでしょう。他人を助ける余裕なんてものは、東京に住んでる時点で、失われてしまうのです。

ぼくが住む高知の田舎なら、困った人を助けるのは「自然」なことです。本来、人というのはそういう優しさ、包摂力を持っているはずです。が、都市に出てしまうと、否応なしに失われてしまうのです。

そもそも「それは自己責任だ！」と他人を排除する姿勢は、巡り巡って、自分を苦しめることを、ぼくたちは知らねばなりません。

以前取材した若者は、家賃激安のいわゆる「脱法ハウス」に住んでいました。彼いわく、「一生懸命仕事をしてきたのに、うつ病で職を失って、家賃を払えなくなってしまった。

だからアルバイトをして3畳の脱法ハウスに住んでいる。うつ病も治っておらず、自分が情けない」と語っていました。

　恐ろしいことに、彼は1ミリも「社会が悪い」と考えていないのです。脱法ハウスまで追い込まれても、「こうなってるのは自己責任であり、自分の力で這い上がるべきだ」と考えて、さらに自分を追い詰めているのです。無論、うつ病を患っている彼が独力で再起するのは困難です。誰かの手を借りないと、再生することはできないでしょう。

　東京には、そういう自滅的な「自己責任」の空気が蔓延しています。「あなたがどうなろうと、私には関係ない」という論理は、「自分がどうしようもなくなったときは、自分の責任だ」という刃を内包しているのです。不安定なこの社会において、そういう考え方は破滅を招くだけです。

　ぼくは今の東京に未来を見出せないので、地方に居を移し、自分の生活を、これからの社会を自分の手で作っていくことにしました。

第2部 田舎のほうが圧倒的に稼ぎやすい

田舎に移住したら収入が3倍になった

「田舎には仕事がない」

あぁ、これもウソです。未だにこの幻想を抱いている人が多くて、ちょっとびっくりします。皮肉なことに、田舎出身の人ほど、地方の現状を知らない傾向があります。今はもう、時代が変わっているんですよ。

のっけから刺激的な実話を披瀝(ひれき)すると、ぼくは高知に移住してから収入が3倍になりました。事業はまだまだ成長中で、このまま億単位のビジネスに育てていくつもりです。

ええ、ぼくが住んでいるのは限界集落ですが、ここからでも存分に稼げますし、仕事は創れるし、そもそも仕事もあるんです。

東京よりも、田舎のほうがお金は稼ぎやすいとさえ思いますよ。繰り返しですが、実際に、ぼくは移住してから収入が増えましたから。「地方には仕事がないし、地方では稼げない」というのは、昭和時代の常識なんですって。

第2部では、いかに今地方が面白くなってきているか、幸せにあふれているかを仕事の面からお伝えしていきます。

「田舎には仕事がない」というウソ

というわけで、21世紀の「地方」にまつわる、もっともよくある誤解「田舎には仕事がない」について語っていきましょう。

断言します。これ、完全にウソです。一般的には仕事がないとされる「限界集落」に移住したぼくが言うんだから間違いありません。むしろ、田舎に行けば行くほど仕事がありますよ。

はた目から仕事がないように見えるだけであって、実は仕事はいくらでもあるんですって。ほんとうに色々ありすぎて何から説明していいのやら……。

まずは、ややマニアックに「事業継承」のニーズについて語りましょうか。今は全国各地で「後継者不足」が問題になっています。せっかく事業を立ち上げたのに、継承してくれる若手がいないため、仕事が消滅している現状があるのです。もっともわかりやすいのが農業で、ぼくが住む集落も耕作放棄地だらけです。農業従事者の方からは、このような嘆きが頻繁に聞こえてきます。

「使っていない農地もあるし、私たちが収穫のやり方を教えてあげられるけど、人がいないから今以上に事業を拡大できないんですよ。どこかに本気で農業をやりたい若者はいませんかね……」

サービス業、観光業でも継承者不足は深刻で、先日は四万十川を拠点にする遊覧船が、「後継者が見つからない」ことを理由に事業を停止していました。ぼくが住む高知県嶺北地方でも、やはり後継者不足を理由に事業をたたもうとしている方々がいらっしゃいます。これ、超もったいない話ですよね。まだあまり大きな話題になっていないので、うまく高知から地元の事業を継続・発展させる仕組みを作っていこうと画策しています。

もっとハードルの低いところでは、ごく普通に、田舎にも「アルバイト」はあります。ぼくが住むような4000人程度の街でも、スーパーやコンビニには、常にアルバイト募集のチラシが貼られています。

「アルバイトじゃ……」と躊躇する人も多いと思いますが、地方は時給が安い一方で、生活費も安いです。強いこだわりがなければ、アルバイトをしながら生活するのも大いにありだと思いますよ。バイトしながら、仕事を増やしていけばいいだけですので。

もひとつ、意外と知られていないのは「役場」の雇用枠です。要するに公務員の中途採用ですね。これも比較的田舎では一般的な働き方で、ちょっと意識して探すと、臨時職員の募集などはすぐに見つかります。移住したい地域があるのなら、その周辺自治体のウェブサイトは要チェックです。まずは臨時職員として地域に入り込み、自分で次の仕事を作っていく、なんてスタイルはおすすめですね。

また、最近は地方の役場が「地域おこし協力隊」を募集するケースも増えています。こちらはなんと「最長3年、役場の職員として地域おこしを業務に働くことができる」という雇用枠。案件によっては家やクルマの支給もあるので、「地方に移住したいけど雇ってくれるところが見つからない」という人は、一見の価値があります。が、現状は制度的に「落とし穴」もあるので、詳しくは第5部にて……。

地方では「雇用」は少ないけれど、「仕事」は山のようにあります。どういうことかというと、一つの仕事で数万円程度が稼げる「小さな仕事」がたくさんあるんですよ。ぼくが高知に来て発見したものでいうと、

- 収穫アルバイト（米、ゆず、オクラなど）
- 草刈りアルバイト（実際、時給1000円でやりました）
- 自伐型林業（自分たちで木を伐採する小規模林業）

・狩猟（サルは1頭駆除すると5万円もらえるとか）
・電線に絡みついた木を除去する仕事（電力会社）
・冬場の日本酒造り
・地元NPOの臨時職員（週1日勤務）
・町営住宅の管理業務
・廃棄される食材（ゆずの皮、魚のあらなど）を使った加工品の販売
・山菜の加工販売
・見捨てられた茶畑を再生して加工販売
・空き家を活用したゲストハウス経営
・烏骨鶏や地鶏を放し飼いにして平飼い卵を販売
・各種ワークショップの企画、実施

などなど、「そんな仕事があるのか！」と目からウロコの「小商い」が無数にあります。

一つの仕事で食べていくのは難しくても、「複業」でやっていくことが前提なら、田舎に行っても十分メシを食うことは可能です。

重要なのは、こうした細かい仕事は「来てみないとわからない」んです。仕事の単位が小さすぎるので、わざわざ求人広告を打つこともなければ、ウェブサイトに載せることもありません。地元に入り込んで、人とつながっていくなかで「こんな仕事あるけど、やらない？」と話が来るたぐいの仕事なんです。

その意味で、ある程度の貯金があるのなら、「仕事をまったく見つけないまま、田舎に移住してしまう」のもありなんです。真っ白な状態で行って、人とうまくつながっていけば、小さな仕事が自然に集まっていきます。それなりのコミュニケーション能力とビジネス感覚のある方なら、1年も経った頃には、十分食べていけるようになっていると思います。

そんな話を書くと、「都会から田舎に人が引っ越してくることによって、もともと暮らしていた人の仕事を奪ってしまうのではないか」と心配する人もいるかもしれません。が、それは完全に杞憂です。今はもう、とにかく地域に存在する資源・仕事に対して、人が少なすぎるんです。地方にはそもそも大きな「伸びしろ」があるため、限られたパイを奪い合う状況は起こらないのでしょう。今はまだ、どの地域も「人が足りないから、経済が衰退していく」という状況です。どうぞ安心して、地方に来てください。

東京で消耗している方には、「ある程度の貯金を携えて移住し、アルバイトをしながら、地域の小さな仕事を集めていく」のがエキサイティングだと思いますよ。

イノベーションは地方から始まる

地方に移住する上で、最高に面白くて、同時に難易度も高いのは「起業」です。高知に来て実感しますが、地方は新しいビジネスを生み出す上で、最高のフィールドです。あなたが優秀なビジネスパーソンであれば、10億円程度のビジネスなら作れますよ。どんな山奥で、過疎地であっても。

論より証拠。有名なのは、徳島県上勝町の「株式会社いろどり」ですね。料理に入れる飾りの「葉っぱビジネス」によって大成功した会社です。

寿司や刺し身に、大葉の模様を印刷したプラスチックのシートが入れ込んであるのをよく見ます。ああいう安直な飾りを使っていては、せっかくの料理が味気なくなってしまうものです。

上勝町では地元のおじいちゃんやおばあちゃんが葉っぱを採ってきて、料理を映(は)えさせるオシャレな葉っぱへと加工するのです。

放っておけばゴミになってしまう葉っぱに新たな価値を吹き込み、上勝町でしか作れない製品として生まれ変わらせる。この葉っぱがとてもオシャレで、料理に高級感を与えると評判が広がり、今や上勝町は葉っぱビジネスで全国にその名を知られるようになりました。売り上げは2億6000万円を超えるというから驚きです。

最近、個人的に注目しているのは、ITベンチャーの地方進出。

高知県香南市に拠点を置く「エクスメディオ」という医療系のベンチャー企業があります。CEO（最高経営責任者）の物部真一郎さんは高知医科大学出身の精神科医で、アメリカの名門スタンフォード大学への留学経験もある凄腕ビジネスパーソン。共同創業者の今泉英明さんは慶應義塾大学湘南藤沢キャンパス（SFC）で博士号を取得し、東京大学特任准教授や楽天技術研究所のチーフサイエンティストを務めたあと、物部さんと一緒に「エクスメディオ」を起業しました。

2人の共同創業者はアメリカのシリコンバレーで仲間を集め、皮膚疾患の遠隔診断支援アプリ「ヒフミル君」をリリース。こちらのサービスは内科や外科、精神科など、皮膚科を専門としない医師向けのアプリで、患者さんの皮膚状態を写真で撮影してサーバーに送ると、遠隔地にいる専門医が「この患者はこの病気の疑いがある」と診断サポートをしてくれる、という仕組みです。サービスは好評で、先日眼科バージョンの「メミルちゃん」をリリースしました。

気になるのは、なぜ最先端の医療ベンチャーが、高知県香南市という田舎に拠点を作ったのか。

物部さんはこう語ります。

「こういった新しいサービスは、システムのできあがった都会よりも、地方の方が導入しやすいんです。高知は医療費が全国一位で、自治体レベルで医療改革の機運があるので、相性のいい土地です。もっとも、私が高知医大出身で、高知が好きだからということもありますが（笑）」

医療や不動産、エネルギーなど、システムが大きな領域に参入する場合は、より動きやすい「地方」に拠点を構えて「実験」を重ね、じわじわとサービスを広げていくアプローチが合理的だ、ということなのでしょう。

とてもわかりやすい話で、都会ではもう「ドローン（ラジコンヘリ。官邸に墜落したあれです）」は飛ばせませんよね。冗談抜きに、東京ではドローン飛ばすと逮捕されます。ドローンビジネスを企画している知人が「東京ではもうできなくなった……」と嘆いておりました。高知だったら、あなた、ドローン飛ばし放題ですよ。人が少ないので、うるさいことを言われることがないんです。

東京はもう、新しいことを仕掛けるには「大きすぎる」とも言えます。高知（土佐藩）が坂本龍馬を始めとする幕末の志士を多く輩出したことは象徴的で、都市が肥大化した時代においては、イノベーションは地方から始まるのでしょう。これから「田舎発の10億円ビジネス」が続々と出てくると考えています。

地方は資本主義のフロンティアだ

そう、この本で強調したいのは、地方はビジネスにおける「フロンティア」であるということです。

「田舎暮らし」というと「隠居」「資本主義からの離脱」みたいなイメージがありますが、ぼくはむしろ逆だと思うんですよ。隠居とかしている場合じゃない。お金を稼ぎたいなら、田舎に行くべきなのです。

一応書いておきますと、もちろん「隠居」もできますよ。でも、そこには資本主義が入り込む余地「も」あるんです。地方には、そういうすばらしい多様性があります。

いやもう、高知に来てみて痛感しますが、地方は、都会なんかよりよっぽど「稼ぎやすい」んですよ。

これ、わからない人が大半なんでしょうねぇ。この可能性に着目できていないビジネスパーソンが多くて、ほんとうにもったいないです。ベンチャー企業やスタートアップと呼ばれる新しい事業者たちは、これからますます都会ではなく地方へ進出していきますよ。だって、地方の方が経営的に合理的なんですから。

ビジネスの世界で「レッドオーシャン」「ブルーオーシャン」というキーワードがあります。激しい競争が展開されている市場が「レッドオーシャン」で、競争相手が誰もいない未開拓の市場が「ブルーオーシャン」です。

東京はまさに「レッドオーシャン」であり、田舎はつぶし合いをする競合相手がいない未開の「ブルーオーシャン」です。ある程度のセンスがある人なら、いくらでもビジネスを生み出すことができます。なんせ、競争相手がいませんから。

ぼく自身も、これから高知で新しいビジネスにどんどん挑戦しようとアイデアを膨らませています。イケダハヤト式のビジネスアイデアについては、本書第4部をご覧ください。

こうして本書を書いている間にも、高知で試してみたいビジネスアイデアが次々と湧いてきています。あなたが新規事業を立ち上げることが好きなら、地方は最高のフロンティアになりますよ。

地方のビジネスはスピード感が抜群

地方でのビジネスメリットはまだあります。それは「スピード感」。

これまた意外な感じを抱くかもしれませんが、都会に比べると、田舎は「スピードが圧倒的に早い」んです。

思い出すのは、東京で開催された「知事コン」というイベント。

こちらはどんなイベントかというと、高知へ移住を考えている「プランナー」が、高知県の尾崎正直知事を前にして高知を元気にするアイデアをプレゼンします。入賞した人には、高知県内の空き家に1年間タダで住める権利が与えられます。「知事特別賞」に輝いた人は、翌朝の飛行機で尾崎知事の隣に座り、高知へタダでフライトできる航空券をプレゼントされました。知事が「お持ち帰り」するという斬新な企画です。

尾崎知事は大蔵省（現・財務省）のキャリア官僚出身でして、2007年11月の選挙に出馬して高知県知事に当選しました（2011年に再選）。県民の支持も厚い、優秀なトップです。

2014年8月には、東京で開かれた「知事コン」第2弾で、ぼくは尾崎知事と一緒にパネルディスカッションをさせていただきました。話に上がったのが「移住促進」にまつわる政策について。せっかくの機会なので、偉そうに意見させていただきました。

何かというと、当時高知県は「お試し移住」の物件を拡充していたのですが、どれも山奥ばかりだったんです。お試しできるのは嬉しいですが、いきなり東京からど田舎に移住する人は、かなりアヴァンギャルドです。ノーマルな人は、まず高知市のような「地方都市」に住んで様子を見た上で、そこから段階を踏んで田舎へ引っ越すものです。ぼく自身も、このような「二段階移住」のスタイルで移住を実現しました。

というわけで、ぼくは「高知県として移住促進をするのであれば、まずは高知市内にお試し物件が必要ですよ」と進言させていただきました。

驚いたのはここから。尾崎知事はパネルディスカッションのなかで「なるほど、その観点はありませんでした。わかりました。やります」と即断即決。

え、話が早すぎる……。そんな断言しちゃっていいんですか？

実際、このディスカッションのあと、高知市にお試し拠点が開設されました。同時にレオパレスと協力し、高知へ移住したいと考える人向けに、短期間から入居可能な賃貸物件の紹介も始まりました。いやー、サクッと実現してしまうとは。孫社長もびっくりのスピード感。

この話に限らず、尾崎知事は現場の意見を素早く吸い上げ、施策に反映していると評判です。すばらしいことですね。

人口1300万人を超える東京都で都知事に会うのは簡単ではありません。が、人口73万人の高知県はコンパクトですから、こうして直接県知事に会って話をして、有効な施策を直接訴えることができます。ぼくはこの「近さ」と「早さ」に感動しました。

東京はあまりに巨大すぎるため、トップへつながる「階段」が多すぎるのです。高知県は全県の人口が73万人ですから、世田谷区の人口（89万人）よりも少なく、練馬区の人口（72万人）よりちょっと多いくらいです。ですから「県知事」クラスであったとしても、階段の数が少なく、距離がとても近いのです。

「田舎の方が都会よりスピードが断然早い」というのは、他の地域に移住した方々も、口を揃えて語る話です。新しいことを始めたい人にとっては、最高の環境なのです。

限界集落に移住して収入が800万円から2000万円に上がった

もうちょっと生々しい話をしましょうか。ぼくは、移住して収入が大幅に増えました。事業規模でいうと、東京で生活していた2013年度は年商800万円（年商なので、ここから経費が引かれます）。高知市から限界集落に移住した2015年度は年商2000万円程度まで伸びました。2016年度は2500万円の売り上げを目論んでいます。まさに右肩上がり。このまま「限界集落から年商10億」を目指します。

実はこれ、予想通りなのです。論より証拠、ぼくは移住を発表した2014年6月1日に、こんなことをブログに書いています。

今の時代、クリエイターにとって「移住する」という選択肢は、キャリアにポジティブな影響を与えると考えています。

ぼく自身、東京を卒業するのは、さらなるキャリアアップのためです。「東京から逃げる」という意味合いもありますが、どちらかというと「さらに成長するため」に、移住という選択を決断しました。

なぜ移住が成長につながるか。ぼくらクリエイターは、外部から与えられる刺激によって、アウトプットが変わっていくわけです。東京で仕事をするかぎり、「東京的なもの」しか創れません。ぼくはもう東京的なものは把握できたので、また違う環境から影響を受けて、そこで何が創れるかを模索したいのです。

環境を変えれば、アウトプットは変わります。まさに今回、ぼくはブログのタイトルを変えることができました。今後、ますますみなさんをイライラさせるメッセージを発信することができるようになるでしょう。え、まだ東京で消耗してるんですか？

クリエイターたちは移住をすることで、自分の仕事の幅を広げることができると考えています。まずは身をもってそれを実証したいな、というのが移住の目的のひとつです。

ぼくはいわゆる「コンテンツビジネス」を手がけています。日々、ブログに文章や写真、動画といったコンテンツを掲載し、顧客を集め、お金を稼いでいます。この種のコンテンツビジネスを扱う人は、東京から地方に移住するとシンプルに年収が上がるんですよ。

なぜかといえば、地方に移住することで、コンテンツの幅が広がるからです。とてもシンプル。

ぼくは高知に来てから、「移住」「高知観光」「田舎暮らし」などなど、ネタの幅がぐっと広がりました。東京のメディアが取材できない情報も多数アップしています。だから、読者層が広がり、アクセスも増え、売上も増加したのです。簡単すぎる話です。

少し言い換えると、東京で書ける記事は、他の誰かが書いてくれるんです。東京は「書き手」が多すぎて、ネタがかぶりまくります。「驚異の塊肉」とか「絶景ビアガーデン」とか「絶品かき氷」とか、みんな大好きですよね。起業家へのインタビューなんかも、やっぱりかぶります。

東京で記事を制作する限り、「ネタかぶり」からは逃れられません。いやはや、地獄のような状況でした。これでは、いくら努力しても成果は出にくいですよ。

一方で、地方では、オンリーワンのコンテンツが作りやすいんです。これも超わかりやすい話で、高知は「食べログ」のようなレビューサイトがろくに機能していません。ITリテラシーが低いのか、地元の人はほとんど書き込まないんです。クチコミを投稿するのは観光客がメイン。

というわけで、「地元の人しか知らない美味しい高知の店」の情報が、広いインターネット上にまったく載っていないんです。21世紀だというのに、ここまで情報格差があるとは……。

が、これはぼくらコンテンツビジネスに関わる人間にとっては、大きなチャンスです。ほんとうに美味しいグルメを、誰よりも早くレビューすることができるのですから。実際に、高知のレストラン・居酒屋のレビューはうちのサイトの人気コンテンツとなっています。ぼくのブログくらいしか情報源がありませんから、独占市場状態なわけですね。

この話のポイントは、「ぼく自身の努力はまったく変わっていない」ということです。東京でやっていたのと同じように、お店に行って、写真を撮って、記事を書くだけ。

でも、高知でそれをやる人が少ないので、同じ行為だけど価値が違うんですね。成果というのは、必ずしも能力に比例するわけではないのです。環境を変えれば、同じ能力だとしても、圧倒的に成果が出やすくなるのです。

地方移住というのはそもそも、会社でいえば「地方に拠点を開設する」ようなものです。営業拠点が増えれば、そりゃあ当然売上も増えますよね。ぼくは高知に来てから、高知の企業や自治体から仕事を受けることが増え、それだけ売上も増加しました。シンプルな話です。

クリエイティブな仕事をしている人は、さっさと移住するべきなのですよ。もともと一定の能力がある人にとっては、「テコの原理」が常に効いた状態で仕事ができます。

あなたがデザイン、ライティング、映像、音楽、プログラミングなどなど、パソコンひとつでできるような創作活動を仕事にしているなら、ぜひ移住してください。ほんとうに、年収が上がりますよ。ダメなら、また東京に戻ればいいだけの話ですしね。

地方では静かな環境で集中して仕事ができる

さらにいうと、地方は労働環境も最高です。高知に引っ越してきてから、集中力が高まりました。この原稿も、標高500メートルのわが家の庭で、クルマにこもって執筆しています（クルマは最高のパーソナルオフィスになるのです）。

車窓から清涼な風が入ってきて、川のせせらぎが聞こえて、虫の声が優しく響き……妻が淹れてくれた地元の美味しいコーヒーを飲みながら、ゆったり原稿を書いております。スタバとかすっかり行かなくなりましたねぇ。家の方がコーヒー美味しいし、のんびり昼寝もできるし。

地方ではすぐに「孤独な環境」を確保することができます。ぼくの友人のアーティストは、高知の田舎の倉庫を貸し切って、巨大なアトリエをこしらえています。そこで一人で生活し、創作活動に打ち込んでいるわけですね。

孤独がほしければ、すぐにそこで没入し、創作活動を始めることができます。交流がほしければ、地元のカフェや居酒屋に行けば、すぐに知り合いに出会えます。こういう贅沢が、地方にはあるのです。

東京にいた時代は、さまざまな刺激に介入されていました。カフェで仕事をするにしても、周囲の話し声が気になりますし、そもそも長居することはできません。ついでにいうと昼寝もできません（昼寝は集中力を回復させる上で、たいへん効果的です）。

かといって、オフィスに戻ると同僚・部下・上司から話しかけられる羽目になり、ろくに集中などできません。あんな環境で、よくみんな仕事できますね……。

ぼくはサラリーマン時代、鳴り響く電話に耐えられず、イヤフォンで音楽を聴きながら仕事をしていました。「話しかけるなオーラ」全開。耳が痛くなりますが、集中を得るためなら仕方がありません。

集中力を高めると、仕事のパフォーマンスは圧倒的に改善します。ぼくの場合は、高知に来てからブログ記事の生産量が2倍以上に増えました。書くのが早くなったということもありますが、集中できるまとまった時間を確保できるようになったことが大きいですね。

都会だとどうしてもアポが複数入ったり、フェイスブックで「今、空いてますか？」とか連絡が来ちゃうんですよねぇ。密集して住んでも、いいことないですよ。

電話が鳴り響くオフィスで働いているみなさん、社会人なら環境を整える努力をすべきですよ。それ、相当パフォーマンス落ちてますから。

時代に取り残されたくなければ地方に行け

「地方に行ってしまうと、情報も人脈もなくなり、時代に取り残されてしまう」という意見もよく聞きます。これもまぁ、的外れな幻想ですねぇ。

違うんですよ、「東京の方が遅れている」んです。

わかりますか？

それは選挙、政治の現場を見れば明らかですよ。若い人の意見はろくに通らず、高齢者の意見ばかりが吸い上げられ、格差は広がり、衰退していく一方です。

新しい意見を持つ人は、東京では常にマイノリティであり、スーツを着込んだマジョリティに勝つことはできません。東京で革命を起こすのは無理ですよ。革命は、常に辺境から始まるのです。

今となっては、「東京にいること」は時代の最先端ではありません。「地方にいること」こそが、時代の最先端なのです。

若いみなさん、さっさと東京は「卒業」しましょう。東京は学校のように、「卒業」すべきエリアです。東京など、1～2年もいれば十分すぎますね。

東京で人脈とスキルを得て、辺境に移住して、顔の見えるコミュニティのなかで、新しい価値を生み出していくのが、これからの「生き残り術」です。東京にしがみついていると、どんどん消耗していきますよ。年収は上がらないのに、固定費は上がり、加えて競争も激しくなりますから。東京なんて、年に数回出張すれば、本来それで十分なのです。

今、地方に行けば文字通り「最先端」の位置に自分を置くことができます。フロンティアを開拓できるんです。その意味で、「10年後はもう遅い」とぼくは感じています。各地で「先行者優位」は失われ、先行者特有の「ワクワク感」も半減していることでしょう。

この時代に生まれ、この時期にビジネスパーソンとして活動できるのは、ほんとうに恵まれていると感じています。今が、一番面白い。なんで東京に残っているのか、ちょっと理解できません。えぇ、どんどん煽りますよ。これはほんとうのことなので。

「東京を離れたら時代に取り残されてしまう」という怖れは完全に勘違いで、むしろ「東京に残っていると時代に取り残されてしまう」んです。時代の潮目の読み方は、こちらが正しいのです。

地方に住んで、自分にしかできない仕事をしましょう。東京では得難い「やりがい」のある仕事は、地方に無数にありますよ。だって、人が少ないんですから。あなたは「歯車」以上の役割を、自然に担うことになるでしょう。

国を挙げた移住推進は大きな追い風

ビジネス的にいえば昨今の「地方創生」という流れも、いい追い風になっています。もっとも、これはぼくらの税金が使われているということなので、良くも悪くも、というところではありますが。

すごく下世話な話をすれば、それなりにセンスのあるビジネスパーソンなら「地方創生」周りの予算を獲得することは、そう難しくはありません。

感度のいい東京の企業は、すでに地方自治体に向けて営業を開始しています（本来は地元の事業者が受注すべきだと思いますが、あいにく予算は東京に流れているような気がしています）。

さすがに「金余り」とまでは言わないにせよ、「いい使い方があったら、そこに予算をつけたい」という自治体は今後増えていくと思われます。

「地方創生」に関しては、お金の話というよりは「これからは地方に力を入れます」と国がアナウンスしたことに意味があると考えています。こういうアナウンスによって、日本国民全体の意識が変わっていくわけです。呼応するようにメディアでの注目度も高まっており、最近は地方の取り組みが全国的に取り上げられることも増えてきました。

かつて郷里から東京や大阪に飛び出してきた40～50代のおじさんは、こんな言い方をするものです。

「オレは田舎の不便さが嫌だから都会に出てきた。地方の悪さはもう十分にわかっている。今さら都会から田舎へは戻りたくない」

「地方創生」の流れが加速していけば、こういう話も過去のものになります。おじさんが知っている「地方」とは、もうぜんぜん別物なんですね。

「田舎は閉鎖的だ」という誤解もまかり通っていますが、「閉鎖的な田舎」はどう考えても消滅していくわけで、最近は田舎ほど、むしろ開放的、ウェルカムな感じになっています。

冷静に考えれば、自治体、そして地域住民が、一番「このままじゃヤバい」という危機感を抱いているわけで、オープンな姿勢になるのは納得できます。

ぼくが住む高知・嶺北エリアも移住者大歓迎のムードが広がっていますよ。ウソだと思うのなら、ぜひ遊びに来てください。ぼくの言っている意味がわかるはず。感度のいい田舎は、「こどもが減っている」「集落が消滅している」「変わらなきゃヤバい」ということを、嫌というほどわかっているのです。わかってないのは、都会で消耗している「おじさん」だけです。

東京の受動的サラリーマンはこの先食えなくなる

というわけで、東京で消耗している読者のみなさまは、本書をここまで読んだ段階で「仕事はなんとかなると書いてあるし、オレも移住してみようかな」と考え始めていることでしょう。

が！　もちろん、これだけは伝えておきましょう。

「田舎には仕事はいくらでもある」といっても、誰かが仕事を「与えて」くれるわけではありません。当然です。東京でも一緒ですよね。

樹上に鈴なりで実っている柿は、自分で体を張って収穫しなければいけないのです。

移住さえすれば「若い人がよくぞここまで来てくれた」と歓迎され、自動的においしい仕事が回ってくるわけではは、当然ありません。

ある意味で、地方では常に「起業家精神」が求められます。あなたは、自分でビジネスを生み出さなくてはならないのです。

もっとも、それは大げさなものではなく「家の敷地に柿が大量になっているから、収穫して、干して、細かく切って、オシャレな瓶詰めにしてネットと直販所で売ってみよう」という程度の話です。昔から、人間はそのような小商いをしてきたはずです。難しい話ではありません。

とはいえ、まぁ、東京で上司の言いなりになっていた受動的サラリーマンには、ちょっと辛い環境だと思われます。指示を受けていればメシが食える、というほど甘くはありませんから。

そういう受動的な人は、移住をしたいなら、自分を変えないと生きていけません。が、東京でもそれは同じだとも思います。「指示待ち」しかできない人を養えるほど、日本はもう豊かではないのです。

関連して面白いのは、地方でも仕事の有無に関しては、意見が「両極端」であることです。ぜひみなさんの周りの地方出身者に「地方って仕事あるの？」と聞いてみてください。

地方出身者の95％は、仕事の面では悲観的な話をします。たとえばこんな感じ。

「仕事なんてあるわけありません！　地元に若い人なんてほとんどいないし、いい仕事がないから私も出たんです。帰りたいけど、帰れないんですよ。このままでは故郷は廃れていくばかりで……」

若い人と話をしても、「地元では雇用がないから都会へ出たい」と脱出願望を持っているケースがよくあります。高知では実際、そのようにして多くの若者が県外に転出し、戻ってきません。

一方で、ぼくのように「仕事なんていくらでもある！」と興奮しながら話す人も、少数ですがいるんです。

先日入った居酒屋では、「林業だけでも十分食っていけるし、1000万円プレイヤーにだってなれる。優秀なスタッフを育てるのがたいへんだから事業拡大しないだけであって、田舎はチャンスだらけ。むしろ稼ぎたい放題だ」と豪語するおっちゃんに出会いました。同志を見つけて嬉しい気分です。

「田舎では仕事がない」と言う人と「田舎にだっていくらでも仕事はある」と言うハッピ

ーな人が、同じ地域に居住している。面白い現象ですよね。

そう、「仕事は誰かから与えられるものだ」と思っている人にとっては、田舎には仕事がないように見えるのです。たしかに、リクナビを見ても高知の田舎には求人はありません。当たり前ですね。地方で「雇用」だけを探したら、そりゃ、悲観的になりますよ。

でも、そもそも人が何千人もいて、地域に資源もあるわけで、仕事がないわけがないんです。「小商い」を集めていけば十分食っていけますし、地域資源を使って大きなビジネスを生み出すこともできます。

能動的に価値を生み出していける人にとっては、地方はほんとうにパラダイスです。ぼくは限界集落に住んでいますが、誇張ではなく「何をやっても食っていける」自信がありますよ。農家になってもいいし、林業やってもいいし、民宿経営してもいいし……。

本来的に「仕事は自ら作り出すもの」であることを思い出しましょう。

大企業の社員だって、同じですよ。

ぼくらが生きていく時代は、厳しいものなのです。人から与えられた仕事をただこなすだけの単純労働は、低賃金の外国人労働者に取って代わられていきます。もう少し先の未来では、ロボットに奪われていくでしょう。いうまでもないことです。

東京を捨て、地方に出ましょう。

そして、仕事を自ら探し、創り、経済を回していきましょう。そういう力を身につけることが、これからの「大人」の条件だとぼくは考えています。

第3部でも詳しく語りますが、ぼくが高知で子育てをしているのは、娘にそういう力を身につけてもらいたいからでもあります。

第3部 限界集落に移住して、こんな幸せになりました

地方で豊かな人生を生きなおす

時代の変化を感じられる人ならば、「地方移住は合理的な選択肢である」と気付いているでしょう。そうでなくても、「東京で生活をすること、仕事をすることは、もう限界が見えている」と感じているかと思います。

移住して1年半。「地方暮らしは超豊かである」という確信が日に日に強くなってきています。生活面でも、地方は圧倒的に豊かなんですね。

というわけで、第3部では、移住生活がもたらした生活面の幸せな変化を語っていこうと思います。

月3万円で駐車場・庭・畑付き一軒家に暮らす

第1部でも強調しましたが、東京において、「住」の問題は深刻さを増しています。

一方で、地方は東京に比べると、圧倒的に住環境が良好です。特にコストパフォーマンスは抜群で、都会から移住すると「え？　安すぎじゃない？　ここ日本？」と心配になるレベルです。

実例を語りましょう。ぼくたち家族が最初に住んだ高知市内の家は、駐車場付きの2LDKで、家賃が6万3000円でした。築年数も浅く、かなり綺麗な物件でした。子育てもできる環境で、防音も十分。周りも子育て世帯が多いので、多少の騒ぎ声も許容範囲です。

ちなみに、6・3万円という価格は、高知市内では相場的には割と高級です。少し地域をずらすと、同程度の条件で4〜5万円に落ち着きます。東京から比べればいずれにせよ激安なので、大した差ではないのですが。

思い返してみると、ぼくが住んでいた東京都多摩市では、このレベルの物件は、軽く12万円を超えていました。8・4万円のワンルームに家族3人で住んでいたことを考えると、だいぶ「人間らしい暮らしができるようになった（by妻）」ものです。

都会と比較して笑ってしまうのは、「家賃6万円」という価格は、実のところ高知全体で見ると「かなり高め」なんです。

わが家は2015年8月に本山町の町営住宅に越したのですが、高知市時代よりもいっそう家賃が下がりました。戸建てに駐車場、庭や畑まで付いて家賃はなんと1ケ月「3万円」です。ちなみに「車はいくらでも停めていいですよ」とのことでした。駐車場代という概念がないのでしょう。土地は余ってますから。

しかもぼくが住んでるこの物件、建設されてから3年しか経っていないので、ほぼ新築状態です。ついでにいうと水道代も無料。水道設備ができたばかりで料金システムが用意されていないようです。田舎ってすごいですよね。

というわけで、わが家は東京時代に比べると、家賃を3分の1〜4分の1に抑えることができました。

誇張ではなく、年間で100万円近いコストカットです。10年住めば、1000万のコストカット。空き家などを借りれば、さらに家賃を抑えることもできます。

今は賃貸物件ですが、ぼくは今住んでいる集落をたいへん気に入っているので、ここで土地を買って家を建てる予定です。

話を聞くと、土地はまぁ、驚くほど安いです。東京ではとても考えられない値段で、大地主になれます。先輩移住者に話を聞くと、「1000万円も見ておけば、小綺麗な新築と畑と田んぼは余裕で確保できる」とのことなので、とりあえずはその路線で定住をしようと考えております。

え？　まだ東京で35年ローン組んで消耗してるの？

空き家の可能性はすさまじい

ぼくは新築を建てる方向ですが、空き家を活用するのも非常に面白い選択肢です。

なにせ、田舎の空き家は値段が破格。先日見に行った限界集落の空き家は、なんと年間家賃が「1万2000円」。年間ですよ！「固定資産税さえ払ってもらえればそれでいい」というお話でした。敷地は膨大で、たいへん状態のいい「母屋」、同じく清掃すれば入居できる「離れ」、昔使われていた「牛小屋」、これも掃除すれば使えそうな「納屋」、そして広大な畑と田んぼが付いています。高速道路にも近く、携帯の電波も入るので、いろいろ割り切れるなら生活には困りません。

仲間たちと開墾したのですが、結局「どこまでが家の敷地なのか」を把握することができませんでした。おそらく500坪はあるのでは……これが年間1万円ちょっとですからね。

この値段ですから、別荘として使うのもありですよね。本をたくさん読む人は書庫にしてもいいですし、音楽が好きな人は大型のオーディオを置いてガンガン音楽をかけられるようにしてもいい。ワークショップや合宿に使える会場にしても面白いでしょう。構想は広がります。

限界集落と言われる地域には、誰も使っていない土地や空き家が無数にあります。うちのアシスタントの若者・矢野大地さんも、先日高知の山奥に空き家をゲットしました。

こちらもやはり莫大な敷地面積がある、ほとんど「豪邸」といっても過言ではない物件です。が、なんと家賃は「月額1万円」。目を疑います。

とはいえ多少の手入れは必要です。この原稿を書いているまさにこの日、空き家の清掃と敷地の開墾をしてきました。仲間たちと集まって作業をして、美味しいご飯を食べて帰ってきました。

リサーチしたところ、改修が必要な箇所は少なく、20万円程度で住める状態まで持っていけそうです。この家を使って様々なイベントを実施していこうと思いますので、みなさまぜひ遊びに来てください。少なくともその面積には、度肝を抜かれますよ。

東京と地方には、不思議な非対称性があるのです。都心では高いオカネを出さなければ家や土地は借りられないのに、地方ではタダ同然で貸してもらえます。

もっと時代が進んでくると、「お金をもらいながら、空き家に住む」という話も増えてくると思います。というか、そんな話を飛騨の山奥で聞きました。

雪深い地域は、空き家の「雪下ろし」にお金がかかるんですよね。業者に外注して掃除してもらうくらいなら、信頼のできる人に無料で住んでもらい、そのかわりに空き家の管理をやってもらったほうが、お互いにとってプラスになります。

空き家の規模や状態（畑の管理も任せたい、など）によっては、「毎月2～3万円あげるから、住み込みで管理してください」という話も大いにありえます。地方の住環境は、これから大変動が起きると見ています。

いやはや、ほんとうに、なぜみんな東京で借金して家を買うのか理解ができません。地方に行けばもっと良質な住環境を手に入れて、気軽に一国一城の主になれちゃうんですよ。アシスタントの矢野さんも、このままいくと20代のうちに豪邸を手に入れそうな感じです。ぼくも日本各地に10軒くらい家がほしいなぁ、と真面目に思っていたりします。日本中に家があるって、楽しい気がするんですよね。

「地方ではクルマが必需品だ」という真っ赤なウソ

さて、山奥の話で盛り上がってしまいましたが、「地方都市」も実に魅力的です。

一般的な地方の難点として「移動が不自由なこと」が挙げられます。まぁたしかに、東京に比べると公共交通機関は発達していません。

ぼくが住んでいる家は、電車・バスではたどり着けません。クルマがないと文字通り家から出られません。歩いて山を降りると軽く1時間半はかかります。往復すると3時間……。

「自動運転車」が普及するまでは「クルマがないと生活できない」というのは残念ながら真実です。

が！　それはあくまで田舎の山間部の話です。

地方にはどこでも中心的な都市があり、得てしてそこは「コンパクトシティ」で暮らしやすい場所になっています。高知だと、中心である「高知市」はまさにコンパクトシティで、市内で生活するだけならクルマは完全に不要です。

というか、クルマで移動するのは逆に不便です。駐車場もお金がかかりますし、道も混雑してますし。ぼくは高知市に住んでいた時代、街なかに行くときは、常に自転車を使っていました。ここら辺は東京と感覚が似ていますね。

また、田舎と呼ばれるようなエリアでも、暮らし方によってはクルマが不要です。ぼくが住んでいる本山町も、山間部ではなく町の中心部に住めば、自転車だけで生活が完結します。クルマを持っていないからといって、田舎への移住を諦めるのは早すぎます。

極端な例では、香川の奥地に住むぼくの先輩は、かたくなに「私はクルマに乗らない！」という方針を貫いていますが、それでも普通に生活しています（遠くの町に出るときは、地元の友人と相乗りしているそうです）。

というわけで、「地方ではクルマが必需品だ」みたいなのは基本的に妄想なので、勘違いしている人は認識を改めましょう。地方といっても、様々な場所があるのです。高知市で暮らすなら、休日にレンタカー借りればほんとうにそれで十分ですよ。

田舎暮らしの移動に不安がある人は、まずは県庁所在地をターゲットにしてみましょう。探せば高知市のようなコンパクトシティはたくさんあります。四国だと、松山も自転車だけで生活が完結する街ですね。

生活が徒歩・自転車圏で完結するコンパクトシティは、一度住むと他の地域に住めなくなるほど快適です。すごくわかりやすくいえば「飲んだあとに歩いて家に帰れる」わけですから！

知ってましたか？　最近の田舎は便利です

クルマに限らず、「田舎は不便だ」みたいな話も幻想だと思うんですよねぇ。

かくいうぼくも山奥に住んでますが、妻とこども、特に不便は感じていません。車で15分も山を降りればそれなりに大きなスーパーがあり、山のなかですが、新鮮なカツオのたたきも手に入ります（さすが高知！）。

もちろん、病院もホームセンターもコンビニも銀行も郵便局もあります。光回線が通じていますからネット環境も万全です。

強いていえば産科がないので、こどもが生まれるときだけ不便ですね。まぁ、出産なんてのは日常的な話ではないので、それは少し頑張って乗り越えればいいだけです。ほんと、わが家はその程度の不便しか感じていません。

もちろん田舎には「売っていないもの」も多数ありますが、今はネット通販がありますからなんの問題もありません。うちの妻は地元スーパーには決して売っていないマニアックな調味料類を、ネットで見事に買い揃えています。日本の流通は恐ろしいレベルで発達しており、東京時代と変わらない値段で、山奥にまで配送してくださっております。ほんと助かります。

「田舎は不便だ」という意見も、やはり時代遅れなんですよ。今は、アマゾンがありますから。驚異的な話で「お急ぎ便」だと山奥だというのに、注文した翌日に届けてくれるんです。なんかもう、申し訳なくなってきます。そこまで便利じゃなくていいんですけどねぇ……。

さらに、自動運転車が一般的になれば、クルマの移動の問題も解決されます。技術の進歩によって、「田舎は不便」という話はますます過去のものとなるのです。

心から美味しいと思えるものが、地方では信じられない安さで手に入る

さぁ、満を持して「食」について語りましょうか。食生活の豊かさは、地方移住の最大のメリットといっていいと思います。なんせ毎日のことですからねぇ。

第1部でも語りましたが、そもそも東京の食材は「鮮度」が低いんですよ。ぼくはこっちに来てから朝どれの野菜、朝どれの魚を食べるのが「普通」になりました。これがまた、東京で食べるものとは別物なんですよ。舌が鈍い人でも、こればかりは気付くはず。

そして何より、そういった食材が、信じられないほど安いんですよ。農家さんが直接マーケットに出品する「朝どれ野菜」の方がむしろ安いというのは、誇るべきインフラです。

例を挙げるとキリがないのですが、うちの近くの直販所（農家さんが朝採った野菜を出荷するマーケット）では、地元産の大玉にんにくが4つ入って100円で売っています。東京だと1玉100円でも安いですよね、国産にんにくって。高知だとごっそり買っても100円です。当然ながら味も最高です。地元スーパーはワンダーランドですよ。

この種の話は枚挙にいとまがないので割愛しますが、スーパーや直販所に足を運ぶたびに、「ん…？　これは多分値段を間違えているよな…？」と思わされます。移住して1年半ですが、その驚きはまだ絶えません。東京で1円単位の節約に奔走している主婦が見たら気を失うレベルで物価が違うんです。国産にんにく、ごっそり、100円。

さらに語ると、地方は居酒屋やレストラン、ホテルや民宿も超ハイクオリティ。そもそも食材が美味しいし、地代や人件費が安いので、料理の質が高くなるのでしょう。

これもスーパーと同様、高知の店では「こんな値段で出して儲かるの!?」と驚く瞬間が多々あります。

これもまた語り出すとキリがありませんが……高知でイチオシのお店を挙げると、安芸市の限界集落にある「はたやま夢楽」の土佐ジロー（地鶏）フルコースは、衝撃的な美味しさとコストパフォーマンスです。

ぼくは美味しさのあまりに涙が出ました。そして会計を終えて「いや、これは安すぎでしょう！」と抗議しました。一度は召し上がっていただきたい感動グルメです。

……あぁ、もうひとつ語っていいですか？　ジビエ（野生の獣の肉）ですよ、ジビエ。東京で流行っているジビエは、高知のような田舎だとごく普通に食文化に溶け込んでいます。

昨日も鹿肉食べました。先週は3回鹿食べてます。鹿って、上品な赤身が美味しいんですよねぇ。東京だと買おうと思ってもなかなか買えないプライスレスのグルメです。高知には「ヌックスキッチン」というジビエの名店があるので、ぜひ足を運んでみてください（要予約）。

という具合に、地方では、東京に比べると信じられない価格で、これまた驚異的なグルメを味わうことができます。地方移住の深刻なデメリットがあるとしたら、「東京に行ったとき、食べるものがない」ことですね。そのくらい、地方は食が豊かであり、東京は食が貧しいのです。

地方に行けば「行列」「人混み」のストレスから解放される

高知に来てから「行列」とは完全に無縁になりました。たま〜にテレビで「行列ができる名店！」なんて特集を見ると、なんて無駄なことをしているんだ、と呆れ果てます。

東京時代はもう悪夢で、あれは中目黒で妻とデートしたときの話です。

のんびりと買い物を楽しんだあと、美味しそうなビストロを見つけたので、そこで夕食を取ろうとしました。が、「ご予約はなさってますか？」の一言で門前払い。あぁ、ここは人気店なんですね……。

続いて、食べログをチェックして、「そこそこ美味しそうだけど混んではなさそうな店」を探しました。見つけたのが気軽に入れそうなエスニック料理店。10分ほど歩いてたどり着くと、先ほどと同じく「ご予約はなさってますか？」で入店できず。

まだまだ話は続いて、もう1店訪れたら、同様に満席で入れず。「おなかすいたね……」と放浪しつつ、ここは入れるだろう！　と思って門戸を叩くと、またもや入店できず。なにこの中目黒ディナー砂漠。

この日は仕方なく、大戸屋でディナー、もといサンマ定食をいただきました。洒落た店で食べようと思って中目黒に来たんだけどなぁ……。

というようなことは、高知ではまったくもってありえません。目的の店が満席だったとしても、標的を変えればまず間違いなく入れます。

ほんとうにあった笑い話で、高知の友人から「あそこのラーメン屋はおすすめだから行ってみて。けっこう混んでるから行列するけどね」と言われてランチに出かけたところ、店頭に「5人」並んでいました。わずか5人の行列なので、10分待ったら入れました。え？　高知ではこれ「行列」っていうの？

行列を作ることはほんとうに稀で、大規模な花火大会なんかも、東京に比べるとガラガラで衝撃を受けます。隅田川の花火大会とか、見れたもんじゃないですからねぇ。日本橋に住んでいた時代、妻とビルの隙間から浴衣を着て花火を見ました。今思い出すと冗談のような話です。高知では行列なんかしなくても、間近に花火を見ることができちゃいますから。

地元の特産品を買って地元にオカネをおとす喜び

面白い話で、ぼくは高知に来てから金使いが荒くなりました。だって、地元にいいものがたくさんあるんですもの。

東京時代は、夫婦ともにたいへんに「ケチ」でした。ぼくは年収３００万円だったサラリーマン時代、年間１５０万円のお金を貯めました。夫婦共働きをしていた時期は、貯金がもうどんどん貯まっていく。なぜなら東京は「お金を払いたい」と思えるモノやサービスが少ないのです。

そんなぼくらは高知に引っ越してから価値観が変わり、地元産の高いものを喜んで買うようになりました。たとえば地元のどぶろく。４合瓶で１７００円と日本酒に比べるとだいぶ高いですが、山奥に越してきて３ヶ月、かれこれ10本以上空けています。いやもう、美味しいし、何より地元のものですからね。目の前の棚田で育ったお米で作ったどぶろくだと思えば、数百円のプレミアムは余裕で乗せられます。県外からゲストが来たときにも「これ、あそこの棚田のどぶろくなんですよ」と、いい話のネタになりますしね。

ぼくが住んでいる本山町は、和牛の産地としても知られています。こういう町に住むと、もうオージービーフとか買う気がなくなってしまいます。無論、国産和牛なので割高ではありますが（１００グラム５８０円くらい）、牛肉なんて毎日食べるわけでもなし、すっかり地元の和牛以外は買わなくなりました。地元に対する貢献にもなりますしね。

ぼくがお金を使えば使うほど、地元の農家さんや畜産農家さんは儲かるわけです。町の経済が循環し、豊かになれば、ぼくもハッピーな気分になります。

そんなわけで、多少高くても、地元のものを積極的に消費するようになりました。幸い高知は県土が広く、調味料から野菜、魚、肉まで、すべて地元産で揃えることができます。朝ご飯から夕ご飯まで、高知産のものだけしか食べないことも、ぜんぜん可能なのです。

そもそも、家賃や生活コストが下がっているので、金銭的にも余剰が生まれています。高いものを買うようになったとはいえ、しょせんは家族3人の食費なので、家賃の減少分を考えるとそれでも収支はプラスです。東京でせこせこと節約している暇があるなら、地方に行って生活コストを下げ、うまいものを食べた方が数段幸せですよ。

高価な会食より断然喜ばれる「家飲みバーベキュー」

移住してから、「接待」が楽しくなりました。これは革命です。

「接待」って、ほんとうに嫌なキーワードですよね。打ち込んでいるだけでうつな気分になってきます。が、高知の限界集落に住んでから、接待がラクに、楽しく、そして文句なしに喜んでいただけるようになりました。

どういうことかというと、自宅で「地元の肉と野菜を使ったバーベキュー」ができるんですよ。もう字面だけで満足度高いですよね。本書の制作にあたっても、編集者とライターのお2人にぼくの自宅まで来ていただきました。仕事の話をする前に、まずはバーベキューです。

ぼくらが美味しいと確信している食材ですから、当然、喜んでいただけます。県外には流通していない珍しいどぶろくや日本酒もあったので、昼間から酒盛りしながらワイワイ楽しく語り合いました。なんせ採れたての野菜、高級な地元産和牛、こだわりのお酒ですから、東京の居酒屋とはクオリティが違います。

とはいえ、こういった食材は、近くのスーパー「サンシャイン本山」で手軽に購入したものです。お酒を入れても、ひとり当たり2000円以内に収まります。

そんな酒盛りおもてなし、昼からスタートして、気が付いたら日が暮れていた……なんてことも珍しくありません。

ぼくが住んでいる集落は美しい「棚田」もあるので、景色も含めて、みなさんほんとうに満足して帰ってくださいます。そのまま夜まで語り明かして、テントで泊まっていく人もいます。すでにリピーターも生まれております。「絶景と地元料理が楽しめる民宿」とかにしたら、普通に儲かる気がしています。

東京で接待しようとしても、こうはいきませんよね。接待に慣れている人も多いので、満足してもらうことは困難です。どれだけこだわっても、ありふれた体験にしかなりません。

ところが東京から高知の山のなかに場所を移しただけで、突然レバレッジがかかるわけです。しかも、もてなす方はまったく無理はしていません。むしろ、東京より数段安上がりです。やっていることは、炭を起こして肉と野菜を焼いているだけです。なんてコストパフォーマンスがいいのでしょう。

次は自分で作った炭でバーベキューがしたいんですよねぇ。田舎にはもともと炭作りの文化があり、ぼくの知人が住んでいる空き家にも炭焼き小屋があります。さらに、自宅には畑もありますから、「ゲストと一緒に畑で野菜を収穫し、その場で焼いて食べる」なんてこともできます。しつこいですが、お金はかかりません。

こういう出会いは相手の記憶に残りますし、「この間高知の山奥に行ったらこんなことがあってさ」とあちこちで話の種にしてくださいます。

相手にとって「非日常」のなかで出会うことができるというのは、なんというか「反則技」ですね。

喫茶店でお茶を飲みながら1時間話して終わりではなく、田舎で密度の濃い時間を何時間も過ごす。こうして交流した方が、お互いの理解も深まり、ビジネスはうまく進むのです。

東京では味わえない「季節を感じる」幸福感

これは地方ではよく言うことですが、如実に「季節」を感じるようになりました。

東京にいた時代は、季節なんてあったものではありませんでした。景色は年中変わりませんし、食材にも「旬」を感じることがありません。季節を感じるのは、せいぜい「気温」くらいですよね。

高知に移住してから、食材に旬があることを身をもって知りました。それは二重の意味で、第一に「旬にならないと食材が売っていない」んです。

そう！　高知では時期によって、にんにくが売ってないんです。これはたいへん驚きました。にんにくって基本的な食材なので東京では年中買っていたんですが、高知ではちゃんと旬があって、冬場には玉のにんにくが出回らないんです！

そのかわりに冬季は「葉にんにく」というローカル食材が出回るので、県民のみなさまは冬になるとそちらを消費するスタイルのようです。うちは旬のときに玉のにんにくを大量に買いためて、冷凍や焼酎漬けで保存しています。

他にも、ニラ、白菜、キャベツ、ナス、トマトなどなど、基本的な食材に旬があることを知りました。言い換えると、季節によっては、これらの食材が直販所に並んでいないのです。

この原稿を書いているのは11月ですが、今はキュウリをまず見かけません。買おうと思っても買えない時期が続くので、とたんにキュウリがマーケットに並び出すと「あぁ！今年もキュウリの季節が来たな！　味噌つけてかじりついてビール飲もう！」という気分になるわけです。

もうひとつ、やっぱり旬の野菜は味が違うんですよ。トマトなんかは年中出回ってはいますが、高知では一般に春から初夏にかけての味がいいような気がします。

旬が終わりに近づくと野菜も魚も食味は落ちてきて、自然と次の旬の食材に目が向くようになるから、食文化というのは実によくできています。

つい食の話で熱くなってしまいましたが、もちろん景観や気候からも、ビシバシと季節を感じます。高知だと夏になるともう日差しが痛いくらいで、真っ青な空の下に出ると「あぁ、高知の夏が来たな」と否が応でも感じます。山の色合いも刻々と変わり、今頃はちらほらと紅葉が見えるようになりました。

日常生活のなかで旬を感じられるというのは、都会では味わえない豊かさです。東京都民は、旬の食材の美味しさと、出会えたときの喜びを知らないわけですからねぇ。

「悪い人の絶対数」が少ないという地方の安心感

また違う側面では、東京とは日々の「安心感」が違います。

ほら、東京って怖いじゃないですか。悪い人がいっぱいいて。通り魔とか普通にありますよね。最近だとテロの危険も現実的にあります。ぼくはかなりビビリで、東京は日本橋のワンルームマンションに独居していた頃、「今夜、寝ている間に突然犯罪者が入り込んできて、そのまま殺されるんじゃないだろうか」と本気で恐れていました。ほんとうに。共感してくれる人、いますよね？

妻が独りで家にいるときも、それはもう不安で不安で仕方ありませんでした。よく漫画とかであるじゃないですか、「妻の笑顔を見たのは、その日の朝が最後でした」みたいな。

家を空けなければいけない日は、1日に最低1度は「帰ったら妻が八つ裂きにされているのではないか……？」と悪い想像をしていました。

電車も怖いですよね。痴漢冤罪のリスクもありますし、ホームから突き落とされるリスクもあります。ぼくは電車に乗るときは、帯刀している武士になった気分で、半径1メートルに殺気を放っていました。もはやぼくのほうが危ない人間みたいですが、それだけ都会は怖いんです。

ぼくの友人は、電車に乗っていたら、目の前で乗客同士がノコギリで血みどろの喧嘩を始めて、動くに動けなかったという経験をしています。「人間って、ほんとうに恐怖を感じると体が動かなくなるんだな……」と、体育会系の彼が語る姿を見てぼくはほんとうに「怖い！」と思いました。ええ。

で、2014年6月に高知に越してきてから、ぼくはそんな警戒心をすっかり解き放ちまして、今ではゆるゆるライフを過ごしています。自転車の鍵をかけ忘れても「まぁいいか」とのんびり構えるようになりました。家で独りで昼寝しているときも、安心感と布団に包まれてグースカといびきをかいてます。

なぜかといえば、高知は悪い人の「絶対数」が少ないのです。もちろん悪い人はそれなりにいて、ヤクザ系列の人たちもいると聞いてますし、もちろん（？）殺人事件もときには発生しています。が、件数で見れば、当然ながら東京よりは少ないわけですね。

ちなみに年間の平均殺人被害者数は、大阪で51人、東京で27人、高知は4人程度だそうです。通り魔事件が過去に起こったかどうか調べてみたのですが、ウェブでは記録が見つかりませんでした。やっぱり安心度は高いようです。

実際、日々生活をしていて「危ない感じの人」を見かけることも高知では皆無です。特に違いを感じるのが駅のホーム。東京時代、小田急町田駅でブチ切れている人をよく見かけました。あそこはなんですか？　リアル北斗の拳ワールドなのでしょうか。

高知は電車に乗る人が少ないので、そもそも喧嘩をする相手もいません。2両編成の電車に、車掌さんとぼくしかいない、という状況もありました。

警戒心を解き放つことができる環境というのは、言うまでもなく快適です。高知に来てからストレス性の身体の痛み・喉の違和感がなくなったんですが、案外これは警戒心を持たないで済む生活になったからなのかも、と思っている今日この頃です。

都会でしか生活をしたことがない方は、ぜひ1ヶ月ほどでいいので、安全な田舎に逗留（とうりゅう）してみてください。「日常的に気を張らないでいい」という環境に、心と体が喜ぶと思います。

助け合いの文化が根付いている地方の心地よさ

まだまだありますます田舎のすごい話。これもよく聞く話ですが、東京とは「助け合い」のレベルが数段違います。

わが家は山の上にありまして、街灯も民家もほとんどないので、夜になると道は完全に暗闇に閉ざされます。で、なんとぼく、引っ越して早々、夜10時頃にハンドル操作を誤って側溝にタイヤを脱輪してしまったのですよ。もう絶望しかありません。携帯の電波もギリギリだし、妻は夜の山道の運転できないし（当時。今はできるようになりました）、こんな時間にＪＡＦを呼んでも来てくれるかわからないし、雨降ってて寒いし……。

絶望して立ちすくむこと2分、人通りが少ない道にも拘わらず、絶妙なタイミングで車が通りかかりました。地元の方のようです。

ぼくの悲惨な状況を見て「あらたいへん。うちの旦那を呼んできますよ」とひとこと残して走り去り、3分後には元気なおじさんが到着。

「あー、この辺は脱輪よくあるね！　オレもやったよ！」と側溝にブロックをザクザクと積み上げて、見事にタイヤを側溝から出してくれました。

そして颯爽と軽トラで帰っていくおじさん。

ここまでかかった時間はわずか20分。JAFを呼ぶまでもありませんでした。

エピソードをもうひとつ。引っ越しを終えた当日、地元のスーパーで買い物をしたのですが、なんとぼく、いきなり財布を置き忘れてしまったんですよ。

しかも、財布を置き忘れたことにまったく気付かず、そのまま山の上の家に帰ってきてしまいました。

午後6時頃、庭の方から「イケダさ～ん！　財布が落ちてましたよ～！」という声が聞こえてきました。

顔を見てみると役場の職員の方。「ありゃ？　町営住宅の駐車場にでも落としたのかな？」と思って受け取ると、どうも話は違っており、財布はスーパーで発見されたらしい。

「え？　スーパーに落ちてた財布を、なんでここまで届けてくれるの？」とちょっと理解ができませんでしたが、それはもう、そういうものみたいです。

役場からわが家まで往復30分ですよ。わざわざ届けてくれて、頭が上がりません。住民税頑張って納めます、という気になりました。

落とした財布が見つかるどころか、落とした財布が自宅に届く。これが田舎の支え合いだ！

地方には、こうした「助け合い」が文化として根付いています。東京のように「自己責任だ！」と吐き捨てられることはありません。

このあたりはほんとうに素晴らしい文化で、ある意味で「安心して失敗できる」んですよ。失敗しても誰かが助けてくれるし、また、自分も素直に失敗した人を助けることができる。

人の顔が見える小さい町に住むと、そんな理想的な姿勢が、ごく普通に根付いているのです。

みなが口を揃える「田舎は閉鎖的だ」というウソ

「でも、助け合いの文化があるぶん、閉鎖的だったり、面倒なところもあるんでしょう？」

いえいえ奥さん。そんなこともないから、移住はおすすめなんですって。第2部でもちらっと語りましたが、今はもう、「閉鎖的な田舎」は少なくなってきています。そういうスタンスの集落は、どう考えても衰退していきますから、むしろ危機感のある田舎ほどオープンで、移住者に対しても「ウェルカム」な姿勢があります。

実際、ぼくが住んでいる集落は、面倒な人付き合いは一切ありません。先輩移住者に話を聞くとこの集落は歴史的に移住者が多く、それでいて1軒1軒の距離が離れているので、お互いに過度に干渉しない文化があるそうです。

たしかに、ここは、同じ集落の人々に干渉しようと思っても、そもそも隣の家が見えないくらい離れています。東京でよく言う「隣の人が何をしているかわからない」状況があるわけです。

ついでにいえば、集落の人数も少ないので、閉鎖的になろうと思ってもなれないという事情もあります。人が少なすぎると、閉鎖性もなにもあったもんじゃないですからね。

その意味で、一口に「地方」「田舎」といっても、その内実はかなり多様です。全体として「閉鎖的な田舎」は減っていますが、地元の産業・経済が中途半端に元気な地域、過去の栄光を捨てられない地域、人が比較的密集して住んでいる地域は、特有の閉鎖性を感じさせることもあります。これは大企業にありがちな組織の閉鎖性とも似ていると思います。

ぼくはコミュニケーション能力が低いので、とてもじゃないけど面倒な人付き合いはできませんし、するつもりもありません。が、それでも限界集落で楽しく豊かに暮らすことができています。地元の方もいい人ばかりで、なんら嫌な思いはしたことがありません。それこそ助けてもらっているくらいなので。

先輩移住者であるぼくからあえて注意があるとすると、特に田舎への移住を検討している人は、その地域の文化をよくチェックしてから、居を移す決断をすべきです。実際、たまにハズレくじを引いている人はいます。

同じ集落でも、そのなかの地区によっては文化が違ったりするので、後述する「二段階移住」「三段階移住」というプロセスを経て、精査していくことをおすすめします。こればかりはグーグルで検索してもわからないので、自力でリサーチしていくしかありません。

何があっても「食うには困らない」という地方の優しさ

第2部で書いた通り、田舎には「仕事」は無数にあります。一度入り込んでしまえば、若手には仕事がどんどん舞い込んできて、むしろ断らなければいけないレベルにまで達します。

その意味で、田舎は「失業」のリスクが低いのです。ぼく自身も、ブログや文筆で食っていくことができなくなったら、地元の農業、林業、狩猟などを手伝ってとりあえずの生計を立てようと考えています。

細かい仕事が無数にあるだけでなく、田舎は生活コストも都会に比べて数段安いです。高知のど田舎だと、クルマを持っていたとしても、その気になれば毎月5万円で生きていけます。いやほんとに、うちのアシスタントはそのくらいで生きているようです。たくさんの人とつながりながら楽しそうに生きている姿を見ると、「貧乏」と「貧困」は違うと思わされます。

大きな安心感になるのが「何があっても、食材は調達できる」という前提です。災害が起きて孤立したとしても、うちの目の前には畑があるので、とりあえず生きていけます。もしも体が動かなくなって仕事ができなくなったとしても、食に困ることはなさそうです。

こういった基本的な安心があるので、田舎ではどんどん挑戦ができます。何をやっても、失敗しても、食うに困ることはないのです。東京のような「失業したら即ホームレス」という厳しい環境ではありません。

都会で人々が「草食化」「保守化」していくのは当たり前で、リスクを取れないんですよ。

田舎に来れば、草食なんてしている場合じゃなくなります。草食ってる場合じゃない。とりあえず何をやっても生きていけるので、自然と挑戦心が育まれ、世の中に新しい価値を生み出したくなるのです。

山奥では水道代、ガス代がかからない

都民のみなさん。水道代って高いですよね。ぼくの家、水道代無料ですよ。

高知では、山間部にいくと「水道代無料」は珍しいことではなかったりします。上下水道が通ってないので、そもそも料金システムが存在しないのです。「水源は？」と疑問に思うかもしれませんが、そんなものは山の中にたくさんあります。そこら辺から引っ張ってくればオーケーです。うちのアシスタントの家は、沢の水をポンプで汲み上げてますね。雨が降らない時期が続こうが、常にじゃばじゃばと水が出ており、文字通り使い放題です。

で、水を山から引いているような家は、だいたい薪で生活しているんですよ。なので、燃料代も抑えられる傾向があります。薪はそこら辺に生えている木を切ればいいわけです。最近は地元の若者が地元の木を伐採して、薪が必要な高齢者世帯に配達するビジネスも始

まっていて興味深いです。

そもそも、昔の日本人は水道もガスも電気も使わずに生活していたんです。たかだか100年前くらいの話ですよ。水道とガスなんて、なくてもぜんぜん暮らせます。当たり前のことですが、山奥に来て気付かされました。

さらにいえば、自宅に太陽光パネルを設置して電力を自給すれば、水・ガス・電気という現代的インフラの縛りから解放されちゃいます。電線も、ガス管も、上下水道も不要です。いわゆる「オフグリッド」な暮らしですね。

田舎に行けば、生活インフラのあり方はガラッと変わり、コストもそれだけ下げることができます。都会では得難い「暮らしを自分の手で設計する楽しさ」が、そこにはありますよ。

地方移住で過酷な子育てから解放される

全国のパパママ、まだ東京で消耗してるんですか？

言わずもがな、地方は都会よりも断然子育て環境が恵まれています。「待機児童」なんて言葉は基本的に聞きませんし、何より地域の人たちの関わり方が違います。

高知に来て驚いたのですが、2歳の娘を連れて公園で遊んでいると、幼稚園〜高校生くらいの幅広い「お姉ちゃん」たちが、話しかけてくるんですよ。

特に小さい子はアグレッシブで、「この子何歳?」「お名前は?」「(ぼくのカメラを見て)そのカメラで写真撮ってよ!」と積極的に絡んできます。なんでしょう、発展途上国のこどもたちに囲まれているような感覚というか。

こういうことって、東京だとなかったんですよね。公園に同年齢のこどもがいても、交流することはほとんどありません。こどもたちも「知らない人には話しかけないように」と親から言われているのでしょうしね。

なので、うちの娘は保育園に通っていないのですが、高知に来てからは、自然と地域に友だちができるようになりました。

また、高齢者の方々の目もほんっとーに優しいです。娘を連れて街を歩いていると、もうアイドル状態。高知の海辺の街、土佐久礼に遊びにいったときは、なぜか見知らぬ地元のおじいちゃんからお小遣いをもらっていました。古物屋のおじいちゃんも「好きなもの持っていっていいよ」と娘に商品をプレゼント。

「保育園への入園のしやすさ」云々もありますが、地方では「こどもを取り巻く人々の目が優しい」ことがすばらしいと感じます。

東京だと子連れで都心に出かけるの、かなり怖いじゃないですか。先日もベビーカーに乗っている1歳児が暴行されるという事件がありましたし。こっちじゃありえないですよ。地方ではその意味で、とても安心して子育てができるのです。

地方に行くとレジャーに革命が起こる

子育てで思い出しましたが、東京って子連れだと、休日がぜんぜん面白くないんですよね。

もう、行く場所がぜんぜんない。渋谷にあった「こどもの城」もついになくなってしまったみたいですし……。

そもそも移動がたいへんなので、多摩市で子育てしていた時代は、結局近場の三越近辺を散歩する程度しかできませんでした。今日も三越、来週も三越、飽きても三越。お世話になりました。乳児・幼児を連れて電車に乗るとか、ほんと疲れますからねぇ。

で、高知に来てから、格段に休日を楽しめるようになりました。

まず、地方では移動のストレスがないのです。電車もバスもガラガラですし、都心と違ってスムーズにクルマで移動することもできます。クルマならオムツ替えも、昼寝も、授乳も簡単にできるのです！　よくみなさん、東京で子育てしてますよねほんと……。

また、地方は見どころもたくさん。高知は県土が広いので、イベント、観光名所だらけです。誇張ではなく、すべてを堪能するのは一生かけても無理です。毎週末、行きたいところがありすぎて困るんですよ。

「土日に講演してくれませんか？」と依頼をもらうことが多いのですが「今月末はお祭りとかありそうだしなぁ……」と、予定は未定ですが渋るようになりました。

高知では「誰も知らない観光名所」が埋もれており、開拓していくのもたいへん面白いです。ブロガー的にはたまりませんね。

先日も高知県香美市の山奥に行ったのですが、地元の人から「噂によれば、この山の奥にものすごく壮大な滝があるらしいんだけど、道が悪くて地元の人間もまだ見に行けてないんですよ」という話を聞きました。21世紀になったのに、未知の観光地がある。どんだけ秘境なんですか、高知県。

とまぁ、それと比較すると、東京はとにかく休日の過ごし方に困ります。特にファミリーにぜんぜん優しくありません。子連れで入れるお店も少ないですし、何より移動がきつすぎます。キッザニアにたどり着くのに、どんだけ消耗するんだか。

地方に来るとレジャーに革命が起きますよ。どこに行っても空いてるので、行列して時間がつぶれることもありませんしね。ついでにいえば、美味しいものもあふれています。

「生きる力」を育む地方の未来型教育法

移住してから頻繁に質問されるのが「とはいえ、田舎は教育環境が悪いじゃないですか。そこらへんはどうするんですか？」という質問。

いいですね！　時代遅れなその感じ！

未来は明るいのですよ！

今はもう、ネットを使えばどこでも教育を受けられる時代です。例を挙げだすとキリがありませんが、リクルートの「受験サプリ」ではカリスマ講師の授業が月額980円でスマホから視聴できます。無料会員は累計100万人を突破しているようです。

これに限らず、「インターネットでいつでもどこでも高いレベルの教育を受けられる」サービスは、すさまじいスピードで拡充しています。

ここ数年話題の「スカイプ英会話（ビデオチャットを使った格安英会話塾）」もそのひ

とつでしょうね。高知の限界集落からだって、ネイティブスピーカーに英会話を学べるのです。

「ネットで勉強なんてできるの？」という声も聞こえてきそうですが、そりゃもう、ぜんぜんできますよ。

かくいうぼく自身も、塾には一切通わず、ネットだけで早稲田大学政治経済学部に現役合格しています。受験をしたのは10年以上前の話ですよ。当時だって、ネットがあれば私大のトップ校に入れたのです。うちの娘が大学を受験する時代には、世の中はもっと進んでますって。

娘が将来「ハーバード大学に行きたい」と言い出したとしても、高知の山奥からハーバード大学へ進学させる自信があります。まぁ、当然ですよね。

教育環境を理由に移住を渋っている人がいたら、それはかなり勘違いしていると思った方がいいでしょう。受験勉強なんてどうとでもなります。まだお受験で消耗してるの？

そもそも、受験なんてちっぽけな話は気にするべきではありません。もっとも大切なのは、こどもが「生きる力」を身につけることです。「生きる力を育む」という観点では、地方は最高のフィールドになります。

たとえば、ぼくが住んでいる本山町は、大きな会社がひとつもありません。大半は農家さんを含む「自営業者」。ぼくのようなクリエイター、アーティストの方もいます。小さなお店を経営している若者も多いです。

で、そういう場所に暮らして育つと「スーツを着て就活して、ネクタイ締めて企業に勤める」のは「当たり前」じゃなくなるはずなんです。実際、この町じゃ誰もスーツなんて着てませんからね。作業着人口の方が格段に多いです。

これは持論ですが、これからの時代、「自営業」を前提にして子育てをした方がいいんですよ。

「会社勤め」を前提に育ててしまうと、うつ病一直線。受験うつ、就活うつ、入社してうつ。高度経済成長期のレールはとっくに壊れているわけで、それに乗ろうとしたら、そりゃあストレスもかかります。

こどもに望むものは特にありませんが、ひとつだけあるとしたら、うちの娘には「小商い」をやってみてほしいと考えています。

彼女が小学生になったら、イベントで小さなお店を経営してもらいます。うちにはなぜか業務用のジェラートメーカーがあるので、地元のミルクと果物を使ったジェラート屋とかいいでしょうね。値段設定も接客も、彼女にやってもらいます。

ぼくはうしろでニヤニヤと見守って、営業終了後に「利益率がちょっと悪いんじゃない？」とアドバイスするのが仕事です。この町には同じように小さなお店をやっている人がたくさんいるので、学ぶ先はたくさんあるのもすばらしいですね。

この町ではそういう「小商い」の教育が芽生えつつあり、最近は小学生が出店を持てる「お山のこどもマルシェ」も始まりました。

友人の小学生の息子さんは、洗濯のりと色水で作る「体験型スライム工場」を経営し、半日で4000円を売り上げていました。出店するたびにレベルは上がっているので、中学生になる頃には日商5万円くらい稼げるようになっていそうです。

田舎に行けば行くほど、サラリーマンは減っていき、自営業が当たり前になります。これはとてもいい環境だと思うわけですよ。

娘には健康的に生きていってほしいので、どんな仕事をするにせよ、「その気になれば自分で商いを始めることができる」能力と姿勢は身につけてもらいたいなぁ、と願っております。いい年こいた大人が「自分ひとりでモノを売ったことがない」というのは、なんだか恥ずかしい話ですからねぇ。

ました。

心が豊かになるおすそわけ文化

そうそう、地方には「おすそわけ」文化も残っていますよ。

高知市の家では、漁業関係の仕事をしているお隣さんから、しばしば魚介類をいただきました。

超新鮮なカマス、アワビに似た高級食材「流れ子（トコブシ）」、珍しすぎる果物「やまもも」をいただいたときは感動しました。流れ子はスーパーで普通に買うとかなり高い（100グラムで800円はします）のですが、軽く500グラムはいただいてしまいました。えーと……このビニール袋で、5000円分は入ってますね。いいんですか!?

まだ生きている流れ子を捌いて食べていたところ、再びお隣さんが「ピンポーン」とやってきました。「なんだろう?」と思ってドアを開けると、「お待たせしました」と言いながら、流れ子の炊き込みご飯、煮付け、ハマアザミのてんぷらを持ってきてくれました。ちょっと意味がわからないレベルですが、これは実話です。おすそわけ文化すごすぎる。ど田舎の漁師町じゃなくて、高知市内の普通のアパートですよ、ここ。

昨年の新米シーズンには、各所からお米をおすそわけしていただきました。結局、11～2月あたりまで、一度もお米を買わずに済んでしまいました。期待しているわけではありませんが、今年もいろいろなところで新米をもらうことになりそうです。

今は山奥に住んでいるので、おすそわけのレベルと頻度はさらに上がりました。なんかもう、日常的に食材をいただいてしまいます。

ついでにいうと、遠方から来る友人も手土産を持ってきてくれたりするので、どんどん食材とお酒がたまっていきます。東京ではなかなかありえない状況ですね。

今は畑付きの家に住んでいるので、これからはぼくもおすそわけをする側に回れます。実際、今も目の前に大量の菜っ葉類が群生しています。調子に乗ってちょっと育てすぎたので、高知市内で暮らすアシスタントにおすそわけしようと思います。もちろん農薬不使用です。

オクラでタイを釣った話

とても面白いと思うのは、こういう「贈与経済」のあり方です。

田舎では東京とはまた違った「おすそわけ」を中心にした経済が確実に回っています。お金をやりとりせずに、価値を交換しあう、ということがごく普通に行われています。

高知市内に懇意にしているお坊さんがいるのですが、その方の依頼を受けて、お寺にて

4回連続のマーケティング講座を開きました。個人的に大好きなお坊さんなので、このときは無償で依頼を受けました。

で、面白いことに、講座を終えるたびに彼がぼくにお酒やケーキをくれるのです。彼はカフェも経営しており、ケーキはもちろん自家製です。ぼくは無償で講座を開き、その対価としてこだわりのお酒とケーキをもらう。なんか、こういう関係っていいですよね。

オクラ作りをしている「堤農園」のオーナーが、面白いことを話していました。彼はシーズンになると、農場に遊びに来てくれた人にオクラをおすそわけするそうです。

ぼくもいただいたのですが、さすが専門でオクラを作っている農家さん、めちゃくちゃ美味しいんですね。

そうやってオクラを配っていくと、思わぬタイミングで「お返し」をいただくことがあるそうです。先日は釣りを趣味にしている方から「オクラのお礼です」と、大きなタイをいただいたとか。オクラがタイに化けたわけですね。

面白いのは双方にとっての価値のあり方です。釣りをしている人からすれば、タイは決して珍しいものではなく、気軽におすそわけできるものなのでしょう。でも、釣り人にとってはオクラは珍しくて、おすそわけされると嬉しい食材です。

一方で、オクラ農家からすれば、オクラなんてまさに売るほど大量に生えているわけで、やっぱり気軽におすそわけができるものです。でも、タイなんてなかなか手に入らないので、おすそわけされると超嬉しいわけです。

「こういうサプライズと喜びは贈与経済の大きな特徴だ」と堤さんは熱く語っていました。オクラとタイの交換には1円たりともお金は流通していませんが、そこには大きな価値の交換があるのです。

山奥に住んでから健康になった

山奥に越してから、風邪を引かなくなった気がしています。生活リズムが整ったことと、美味しい野菜を大量に摂取していること、周囲に人が少ないことが関係しているのでしょう。

今までは年間5～6回は風邪引いてたんですが、山暮らしを始めて約5ヶ月、毎日ピンピンして生きております。「たった5ヶ月？」と思われるかもしれませんが、これは今まで生きてきた29年間で、最長の健康記録だと思います。元来、身体がそんなに丈夫な方ではないみたいで、風邪に悩まされてきました。世の中には、気を付けていても風邪を引くタイプの人がいるのですよ。

先日、娘と妻が軽く風邪にやられたんですよ。「あぁ、これはもう絶対ぼくに感染するパターンだな……」と諦めていたら、なんの不調もなく、気付けば妻と娘も完治していました。基礎的な免疫力みたいなものが向上したのかもしれません。

「健康になる」というのは移住の最高のメリットだと考えています。

活動できる時間も増えますすし、生活していて気分もいいですし。騙されたと思って、山奥に一ヶ月暮らしてみてください。体の調子が変わっていることに気付きますすよ。水も空気も違いますからねぇ。

よく聞くのは「肌荒れが治った」という話です。ぼくの知人はアトピーで悩んでいたのですが、山奥に引っ越してかなり症状が改善しました。慢性的な胃腸炎を患っていた方からも、「移住してから症状が軽くなった」という話を聞きました。精神の健康にもいいようで、うつ症状で苦労していたうちの元公務員のアシスタントは、高知に来てからすっかり気分が良くなったと喜んでいます。

心身に不調を抱えているのなら、1〜2ヶ月でいいので、療養を兼ねて移住するというのは大いに「あり」ですよ。高知にそんな短期滞在の療養拠点を作ろうと考えているので、ブログにて続報をお待ちください。

移住してから夫婦関係がよくなった

もともと割と仲睦まじい方ではありますが、高知に移住してから、妻との関係性がバージョンアップしました。

何かというと、妻が頼もしくなったんです。

ぼくはご存知の通り、コミュニケーション能力が欠如しています。人の顔を全然覚えられませんし、メールも返しませんし、挨拶回りとかも苦手中の苦手です。嫌いな人も多く、自分が好きな人としか一緒にいたくありません。

こんな人間だと地域に溶け込むことは難しいわけですが、ぼくには妻がいるのです！

妻はぼくよりコミュニケーション能力が高く、人の顔を覚えるのはかなり得意。メールの返信などもぼくよりはマメなので、かなり助けられています。ついでにいうと、料理もかなりうまいです。ぼくは料理ぜんぜんできません。

こちらに移住してから、妻との「役割分担」ができてきた感じがしています。ぼくはお金を稼ぎ、外との接点を増やすのが役割。妻は美味しいご飯で家族を支え、外の世界とぼくをつなぎとめてくれる役割。フェーズによって役割は変化していくのでしょうけれど、今はとてもしっくりきています。

東京時代は余裕がなかったんでしょうね。こういう「役割」を意識するほどまで、お互いの関係性や専門性を磨くことができていませんでした。新しい環境に来て新しい刺激を得て、「自分の強みって何だろう」ということを考えられるようになり、それをもとに関係を紡いでいくことができている感触です。

東京で消耗して怒鳴りあっているような夫婦も、もしかしたら、地方に住むと関係が改善するかもしれません。

この効果はまだあんまり語られていないので、継続的にリサーチしていこうと思っていきます。とりあえず、わが家に関しては、移住は夫婦関係のバージョンアップにつながりましたよ。

人間としての「正常」な状態を地方で取り戻す

とまぁ、色々と書きましたが、本書には一切、ウソも誇張もありません。

ぼくが運良くいい場所に巡りあえたというのもありますが、特に嫌な目にあうこともなく、毎日幸せに生きることができています。

地方が豊かだというのもありますが、実のところ、東京が「異常」なんでしょうね。慣れと無知は恐ろしいもので、その異常さを当たり前のものとして受け入れてしまっている人は、めちゃくちゃ多いわけですが……。

異常な東京を離れて、人間として正常でいられる地方に、少しでいいので滞在してみてください。本書で言っていることの意味がわかるはずです。強烈な環境の違いを目の当たりにすれば、東京にしがみつく理由がないことを、体で理解できますよ。

第4部 「ないものだらけ」だからこそ地方はチャンス

――イケダハヤト式ビジネス紹介

地方では次々とやりたいことが湧き起こる

前述の通り、ぼくは地方に来てからだいぶ年収が上がりました。こうなると、稼いだお金で「やりたいこと」が次々と湧き起こってくるんです。

山がほしい。温泉を掘りたい。ゲストハウスを開設したい。キャンピングカーを駐車して泊まれるRVパークを造りたい。ブドウを育ててワイナリーを造りたい。毎日毎日、新企画が頭のなかに浮かび続けています。

東京で暮らしていた時代は、やりたいことなんてそうそう湧き出てはきませんでした。意外なことに、東京では欲望は去勢されるのです。東京という狭すぎる街は、ひとりの人間が本来持っている欲望、創造性を、受け止めることができないのです。

第4部では、ぼくがこちらに来て感じている「ワクワク」をお伝えできればと思います。ここは創造性を爆発させるには、最高の場所なのです。

東京で「やりたいことが見つからない」のは当たり前

ぼくは高知に移住してから、非常に欲深くなりました。事業は億レベルまでガンガン伸ばしていきたいですし、やりたいことも無数にあります。

もっともっと、ここから面白いことを仕掛けたいと願っています。そのためには、お金が必要です。だからこういう本を書いて、お金を稼ぐのです（売れることを祈って……）。

ということを書くと「肉食系の若者だな！」と思われそうですが、東京時代はそんなことはまったくなくて、「事業規模は1000万円あれば十分すぎる」「人を雇うことは絶対にしない」「お金があっても使い道がない」なんて草食っぽい価値観でした。わずか1年半前は、そういう真逆の考え方をしていたんです。

過去のぼくがそうなるのは自然なことで、東京では事業規模を伸ばすことは困難ですし、人を雇う体力がある会社も山ほどありますから、別にぼくが頑張って雇用を作る必要もありません。実際、優秀な学生たちはちゃんといい会社に就職していきました。

が！　高知のような田舎では、プレイヤーがいないんです。雇用を作れる人がいないので、優秀な若者はどんどん県外に流出していきます。彼らは「高知が大好きで、高知のために何かしたい」と考えているにも拘わらず。

これはもったいないことですよね。ぼくはなんとかできる立場にいるので、なんとかしないといけません。もっと稼いで、若者を雇用します。

また、高知には土地や空き家を始めとする地域資源が有り余っています。で、それらの資源は無料、ないし非常に安価に手に入ります。

すごくわかりやすい例を挙げると、ぼくの知人は高知で「山をもらった」そうです。山ですよ、山。田舎では、山が余ってるので、割ともらえるのです。1平方キロメートルほどの山の土地を、100万円くらいで買った人の話も聞きました。これをお読みのみなさんも、山、買えますよ。何しますか？

空き家もかなり余っています。「畑付き、山付き、即入居可能」なんて条件のいい空き家でも、300万円出せば余裕で手に入ってしまいます。広大な敷地の空き家、みなさんならどう使いますか？

耕作放棄地がそこらじゅうにあるのは、言うまでもありません。田んぼなんかも安価に入手できるようで、100万円もあれば大地主になれちゃいます。広大な田んぼと畑、ワクワクしますねぇ。

面白いところでは、漁師町に行くと「船」が割と余っているとか。高齢になった漁師さんが、使い道がなく持て余しているわけですね。「空き船」をかき集めても、面白いことができそうです。

とまぁ、田舎は何かを仕掛けるには、最高の空間なのです。自分と同じことをする人は皆無で、それでいて使いようがある資源が眠っている。クリエイティブな人ほど「こんなこと仕掛けたい！」とワクワクした毎日を過ごせます。

「イケハヤ商店」はじめました

ここでは、高知に来てから生まれた「やりたいこと」を語っていこうと思います。もう、毎日ワクワクまみれでして。

まず、こちらは実際にスタートさせた企画。ぼくのブログで「物販」をはじめました。自分で商品を仕入れて、自分のブログで販売するという新規事業です。東京時代からやりたかったことなのですが、高知に来てようやく実現できました。

第1弾商品は、ぼくと同じ高知・嶺北地域にお住まいの世界的アーティスト「SHOTA」こと川原将太さんの陶器です。プレ販売した商品は2時間で完売。先日新たに作品を仕入れたので、毎月数点程度、うちのブログで販売していく予定です。すばらしい一点もののアート作品なので、こだわりの器が欲しい人はぜひ覗いてみてください。

続いて売っていきたいのが、「自分で育てた野菜」。うちの庭の畑でそれなりに野菜が採れるのと、アシスタントの家に広大な畑があるので、まずはそこで育った野菜を加工して販売しようと画策しています。

問題は何を売るかですが……農業は超素人ですが、とりあえずトウガラシは育てやすいことがわかりました。まずは収穫したトウガラシを乾燥させて「燃えろ！炎上唐辛子」なんて名前で売ってみようかと。近くで泡盛を作っているので、トウガラシを漬けて沖縄風の調味料にしてもいいでしょうね（名前は「炎上泡盛」とか）。来年の夏は本格的にトウガラシを育てようと思うので、どうぞお楽しみに。

他にも、高知にはすばらしい商品が多数眠っています。ぼくが在庫リスクをとって仕入れるかたちで、物販事業は拡充していく予定です。倉庫代はかからないので、東京でやるよりもリスクが低いのです。アパレルや革小物なんかを企画しても面白いでしょうねぇ……その気になれば物販事業だけで年商1億は作れると見ているので、どうぞ見守っていてください。頑張ります。

「どぶろくドットコム」で年商1億円

物販の話をしましたが、田舎にはほんとうに「眠っている名産品」が多数あります。「これ、ネットで売ったらバカ売れなんじゃ?」という商品に、どれだけ出会ってきたことか……まだ移住して1年半なんですけどね。

たとえば、大豊町で生産されている「どぶろく輝」。こちらは文句なしに美味しいどぶろくで、なんと全国区の品評会で「日本一」の称号を獲得しています。高知の山奥から、日本一のどぶろくを作っている人がいるのです。

しかし! 驚くべきことに、ここの蔵元、ネット通販をしていないんです。で、そういう話は決して珍しくなくて、地元の美味しいどぶろくは、どれも地元でしか買えない状態になっています。もったいなさすぎる……みなさんも日本一のどぶろく、飲んでみたいですよね?

地元では4合瓶1本1700円で売っているんですが、これ、1本5000円でも売れると見ています。なんせ日本一ですし、味も抜群にいいです。うちに遊びに来た方にはもれなく試飲してもらっているのですが、みなさん感動なさいますね。ある会社の社長は、あまりにも気に入って、地元スーパーで買い占めて帰ったそうです。

お酒というのはいいコンテンツで、ほんとうにいいものであれば、多少高くてもぜんぜん売れてしまいます。高知には文句なしに美味しいどぶろくがあるので、これをネット販売する物販サイト「どぶろくドットコム」をやりたいんですよねぇ。これも年商1億はいけるんじゃないかと。

何かというと、大きな資本主義システムが回っていない地方には、「東京だったら絶対に誰かがすでにやっているビジネス」が、手つかずのまま残されているんです。「どぶろくのネット販売」なんてどう考えても儲かるわけで、誰かやっているはずなんですよ。でも、地方にはネットに詳しい人もいないので、価値のあるものがネットの海に船出していないのです。21世紀だというのに。

余談ですが、どぶろくはその気になれば自分でも製造・販売ができます。本来酒類の製造は規制があるのですが、「農家民宿・農家レストラン」を経営している人を対象に、規制緩和が実施されているのです（「どぶろく特区」）。

つまり、ぼくが農家になって、民宿を経営すれば、「イケハヤどぶろく」ができちゃうんですよ。いやー、これやりたい。実現に向けて動きますので、少々お待ちください。うちのどぶろく、美味しいと思いますよ。ブログの収益注ぎ込んで商品開発します。私財を投じて、うまいどぶろく作ります！

「ブログ書生」になりませんか？

もうひとつ実現した企画が「ブログ書生」。明治時代あたりの小説を読むと、先生の下に住み込みで創作活動に励む「書生さん」が登場しますよね。あれの現代版、ブログ版を実現しました。

現時点でブログ書生（もといアシスタント）は３人で、ぼくは彼らに、いわば「ベーシックインカム」ともいえる、最低限の生活費（10〜13万円）を手渡しています。正社員雇用ではなく、業務委託ベースの関係です。

かつての「書生」のような同居はせずに、彼らには高知県内の住みたい場所に住んでもらいます。交通費や取材謝礼、カメラ、スマートフォンの購入費など、記事制作に必要な経費に関してはぼくが負担するかたちをとっています。

ぼくからの要望は「各地を歩いてブログ記事を書いてください」ということだけ。たま〜に経理など細かい仕事を依頼することもありますが、それはかなり例外的で、基本的に自由行動です。うちの仕事というよりは、むしろ能動的に地域で仕事を見つけてもらうのが狙いです。相当なホワイト企業だと思います。

で、彼らの記事のなかでクオリティが高いものは、随時、ぼくのブログに編集・転載をしていきます。書生たちはすでにヒット記事を多数飛ばしており、特に「沢田マンション」の密着レポートは5万回以上閲覧された人気コンテンツとなっています。ライティングのレベルが上がってくれれば、さらにうちのブログへの貢献度は高まります。

ブログ書生たちは、あえて乱暴な言葉を使えば「ぼくが飼っている珍獣たち」です。彼らに生活費を与え、野放しにしておけば、勝手に面白いコンテンツが集まり、ぼくが利用できるフィールドも増加していきます。

実際、ブログ書生のひとり、矢野大地さんは広大な空き家をゲットしてくださいまして、そちらはぼくもイベント実施や農作物の栽培などで有効活用させていただく予定です。

「ブログ書生」は今後も増やしていく方針で、高知県全土に住まわせたいと構想しています。これが実現すれば、高知県の情報がぼくのブログに幅広く集まってくるわけです。その先には、四国各地に住んでもらおうという算段もあります。新聞社が各地に「支局」を置いていくイメージですね。

「1〜2年間、ブログの修行をしながら高知で生活してみたい」という人は、ぼくのブログをチェックしておいてください。たまに募集をかけると思いますので。

「うつ病村」を作ります

これは多分炎上するんですが、「うつ病村」をやりたいんです。

まず、広大な空き家を確保します。で、軽度のうつ病の若者を1〜3名ほど集めて、住んでもらいます。共同生活は難しいと思うので、ひとりひとりにプライベートが確保された空間を用意します。

彼らには、空き家の改修や、耕作放棄地の開墾、農作物の加工販売を手掛けてもらいます。もちろんうつ病なので、作業は軽いものにとどめます。

働きたくなければ、働かなくてもいいのです。そもそも空き家も耕作放棄地も、放置されていたわけですから、手をつけなくてもなんの問題もありません。仕事らしきものは一応あるから、やりたいときに勝手にやってくれ、という程度ですね。

ただ、「ブログを書くこと」は必須の要件にしようと考えています。ブログを執筆すること自体が、外の世界とつながる貴重な手段であり、また、自分を内省する機会にもなります。ついでにいえば、アクセス数が増えればお金も稼げます。ブログはうつ病の療養として、最高のツールだと捉えています。

軽度なうつ症状の方を集める前提ですが、「うつ病村」では、医療従事者のサポートももらおうと考えています。ブログに構想を書いたところ、複数の医療従事者の方から「何かお手伝いできることがあれば、協力します」というありがたいオファーをいただきました。遠隔カウンセリングなんかも増えてきていますし、限界集落に住んでいたとしても、それなりの医療サポートを得ることは可能、というわけです。

見捨てられた限界集落の空き家に、うつ病の若者が集まる。生活を通して空き家・耕作放棄地を復活させ、その生活の模様を発信し、お金を稼ぎ、健康な心身を取り戻していく。田舎は生活費が安いわけで、こういう「村」もぜんぜん作れると思うんですよねぇ。

「そんなことやって、地元の反発とかあるんじゃない？」と思うかもしれませんが、高知はある意味で特殊な地域で、もう過疎化が進みきって、消滅寸前、ないし消滅してしまった集落もあるんです。言葉は悪いですが、地元の人も見捨ててしまったような地域です。

そういう集落は見方によってはパラダイスでして、面倒なしがらみは最小限に抑えた上で、自分たちの空間を作ることができます。「地元住民との軋轢」も何も、人が住んでいないので、問題は起こりにくいのです。

これから日本中で、消滅寸前の集落、消滅した集落が増加していきます。ぼくらはそういう土地に、「新しい村」を作れるんですよ。これ、ワクワクしませんか？

空き家はあります。畑も山も田んぼもあります。ソーラーパネルがあれば電気には困りません。かなりの山奥だとしても、携帯の電波は入ります。インフラは十分。あとはやるだけ。

ぼくはまずは「うつ病村」を作ります。他にも「ニート村」「ホームレス村」「子育て村」などなど、いろいろな切り口で村を作っていこうと画策しています。将来の肩書きは「村クリエイター」ですね。

空き家のリノベーションと「民泊」で外国人観光客を呼び込む

こちらは割とハードルが低い事業企画。空き家を修繕して、「民泊」で儲けたいんですよね。みなさんもどうぞ真似してください。

今はいい追い風が来ておりまして、安倍政権は2020年の東京オリンピックまでに、年間2000万人の外国人観光客誘致を目標にしています。2011年に622万人だった日本への外国人旅行者は、2012年には836万人、2013年には1036万人、2014年には1341万人と右肩上がりでどんどん伸びてきました。2015年は1月から7月だけで1106万人に達しており、2015年いっぱいで外国人旅行者は1800万人を超えるでしょう。

さて、そうなると問題になるのが「ホテル不足」。大型イベントなどでは、明らかにキャパシティが足りません。そこで出てくるのが「民家に泊まる」という選択肢、世に言う「民泊」です。

もっとも、「民泊」に関しては各種の法律の縛りがあるため、完全な自由化はなされていません。……が、今はグレーゾーンのなかで民泊が大盛り上がりをしておりまして、アメリカ発のプラットフォーム「エアビーアンドビー」を覗くと、日本中で「自分の民家を宿泊用に貸し出している」人がいることがわかります。人によっては月商100万円以上稼いでいる人もいらっしゃいます。今は世界中で「自分の家を旅行客に貸し出す」ことが普通に行われているのです。

エアビーアンドビーは世界中で使われているプラットフォームなので、外国人の観光客を呼び込むにはうってつけの手段となります。実際に、訪日客中心で月商100万円を叩き出しているホストが、四国にはいらっしゃいます。ぼくも彼らのやり方を模倣して、空き家を改修して、簡易宿泊所の許可をとって、エアビーアンドビーに出稿してお客さんを集めようと画策しています。

「空き家をリノベーションしてエアビーアンドビーに出してお金を稼ぐ」というのは、割とどの地域でも通用する「ナリワイ」になります。田舎で生活したいけど仕事に悩んでいるという人は、ぜひとも検討すべき選択肢です。エアビーアンドビーのサイトを見れば事例は山ほど見つかるので、先人たちに学びながら挑戦してみてください。

山を買い取ってキャンプ場経営

前述の通り、山を入手することはそう難しくありません。山を使って、いろいろとやりたいこともあるんですよ。

まず、キャンプ場を作ろうと思っています。単なるキャンプ場ではなく、キャンピングカーや大型車でやってきて、その気になれば長期滞在もできる、いわゆる「RVパーク」です。

日本には長期滞在可能なキャンプ場ってあんまりないので、高知でやりたいんですよね。1〜2週間滞在して、地元の食事やレジャーを体験してもらうようなイメージです。

今はぼくのように「どこでも仕事ができる人」も増えていますから、そんな施設を作れば、「1ヶ月間、仕事をしながらRVパークでのんびり暮らす」なんて人も出てくると見ています。

RVパークが優れているのは、災害時には避難所としても使える点にあります。海外では実際に、災害を見越した上でRVパークを作っている事例もあるとか。高知は南海トラフ地震が来ることがほぼ確定状態のようなので、レジャーと防災・減災を兼ね備えたキャンプ場は現実的に役立つものになります。

リアルに収支は計算していませんが、なんせ山の値段が値段なので、多少開発にお金をかけたとしても、すぐに黒字化できると思うんですよね。

まずは2～3台のクルマが泊まれる「プライベートなRVパーク」にするのがよさそうです。収益の目処が立ってきたら、災害時を見越して、少しずつ開発を進めていけばいいでしょう。あぁ、まずは山を手に入れないと。

タイニーハウス村は絶対流行る

このところアメリカを中心に、「タイニーハウス」が流行しています。「タイニー」(tiny＝ちっぽけな)という名の通り、こうした家は非常に小さく、トレーラーで持ち運びできるほどです。

タイニーハウスの波はなんと高知にも届いており、中宏文さんという建築家は、高知県安田町の海辺にタイニーハウスを自作しました。

中さんは自分でタイニーハウスを作るにとどまらず、誰もが家づくりを学べる教室を始めました。その名も「いえづくり教習所」。キャッチコピーは「二十歳になったらいえをつくろう」。素敵すぎますね。

第1期が先日終わったのですが、全国から申し込みが殺到。「1ヶ月高知に住んで、20万円かけて家づくりを学ぶ」という割とハードなプログラムですよ。「家づくり」への関心の高さに驚かされます。

中さんは「いえづくり教習所」を他の地域に展開したいと語っており、すでに第2期以降の話も進んでいるようです。で、あのプログラムの人気を考えるとですね、「ぼくが山や空き地を買って、そこで教習所を開催し収益を上げながら、タイニーハウス村を作る」なんてことができてしまうんですよ。

タイニーハウスが立ち並ぶ空間ができたら、そこは観光名所になります。県外から、国外から、さまざまな人が遊びに来て、宿泊していく施設になりえます。ついでにそこで家づくりまで学べるとあれば、落ちるお金はさらに増えます。こちらもRVパーク同様、災害が起きたら避難所としても使えます。うーん、やりたい。

「イケハヤ温泉」を経営したい

「温泉」っていいですよね。老若男女が楽しめますし、山奥にあったとしても、十分に「目的地」になります。

ぼくが住んでいる高知・嶺北エリアは、なんと現在利用できる温泉がないんですよ。登山、川遊び、ツーリング、農業体験などが楽しめるすばらしい土地なのに、温泉がなぜか営業していない。これはもったいなさすぎます。登山したあと、温泉入りたいじゃないですか。

なので、ぼくは温泉を掘ろうとしているのです。まずは山に穴を掘って井戸水を湧出させ、薪ボイラーで沸かす程度から始める予定です。井戸掘りのコストを調べたんですが、30メートル掘る程度なら100万円もあればなんとかなるようです。その気になれば手で掘ることもできるとか。

薪ボイラーも100万円出せば手に入るので、小屋レベルの小さな露天風呂なら300

万円くらい見ておけば実現できてしまいそうです。３００万ですよ！　ちょっとしたクルマ買うより安いじゃないですか。豊洲にタワーマンション買う余裕あるなら、田舎に山買って温泉作ってください。社会貢献になります。

高知では笑えることに、個人で温泉を掘っている人が、実際にちらほらいるんですよ。すでに事例はあるわけです。東京にいると気が付かないことですが、実は温泉って個人レベルで所有できるんです。

「イケハヤ温泉」は地域で伐採した薪を利用する、資源循環型の施設にしたいと考えています。

高知では育ちすぎた木が山を荒らしてしまっている問題があり、薪ボイラーは資源管理という観点でもいい選択肢なのです。石油資源よりも低コストで、安定供給が望めるのもすばらしいですね。

まずは小さな露天風呂から始めて、つづいて小さな茶屋を併設し、周辺に空き家を確保して素泊まりの温泉宿＆キャンプ場として経営する。十分に採算が合うようなら、調理・接客スタッフを雇って本格的な温泉宿にしてもいいでしょう。いやー、未来にワクワクしますね。もっともっとお金を稼がないと。

「バイオトイレ村」を作って、有機ワイン製造

もひとつ、今ぼくが超関心あるのが「トイレ」なんですよ。トイレって、イノベーションの余地があるんです。

何かというと、アメリカの田舎暮らしの現場では「アウトハウス」というトイレが流行っているそうです。仕組みは超シンプル。まず、空き地や農地に穴を掘ります。で、イケアで買ってきた便座をかぶせます。そして、移動できるくらい小さな小屋で囲います。「アウトハウス」で検索すると、オシャレな小屋がたくさんヒットしますよ。

小屋で囲ったらもう完成。そこがトイレです。排便が終わったら拭いて、おがくずをかけます。穴がいっぱいになったら、別の場所に穴を掘って、トイレごと移動します。

勘のいい方はわかったと思います。そう、こうすると、土地が肥沃になっていくんですよ。アメリカの農場では、こうして土地を豊かにし、美味しい有機ぶどうを育てていると伺いました。人間の習慣を巧みに活用した、これぞトイレのイノベーションです。

山奥まで下水道のインフラを整備して維持すれば、半永久的にものすごいコストがかかってしまいます。穴を掘ってうんこをすれば、コストはまったくかかりません。処理のコストがかかるどころか、肥沃な土地も手に入ります。

冷静に考えれば、日本人は昔から「肥溜め」を用意し、作物を育てていたわけです。昔の人にできて、今のぼくらにできないわけがありません。「うんこがどこでもできる」というのは、すごいインフラ、すごい能力だと思うんですよね。災害で水道が止まったとしても、何の問題もなく排泄ができるということですから。ぼくはもう、ぜんぜん焦らないでそこらへんにうんこできます。そこに畑あるし。

「山の中でフェスを開いて、みんなでうんこをして土地を肥沃にしよう」という、いわば「うんこフェス」なんて企画は面白そうです。体にいい野菜を食べて、消化して、お金とうんこを落としていってもらう、という趣旨です。みんなハッピーですよね。

高知には県内産ワインがないんですよ。自然の力で土地を肥やして、そこでぶどうを育てて、ワインを作ったらなお面白いですよね。お小水を使っているということで、「黄金のワイン」というブランドにしてみるとか……いや、失礼しました。まぁ、田舎暮らしは妄想が止まらないということです。

「イケハヤ太陽光パネル」を販売

なんかもう、なんでも売れるんですよ。これは小粒なんですが、さっき妻と「太陽光パネルの販売ってできるよね」という話で盛り上がりました。

高知は日照時間が全国トップで、太陽光発電の導入には相性のいい土地です。が、山間部ではまだまだ一般的ではなくて、パネルを設置している家庭はほとんどありません。

こういうエリアでは、ちょっとした倉庫や小屋に敷設できる小規模の太陽光パネルが、けっこうニーズあると思うんですすよ。売電するような規模ではなく、50ワットとかそこらで大丈夫。山奥だと電線を這わせるのも大変なので、いっそ太陽光で完結しちゃった方が早かったりするんです。かくいうぼくも、土地を買ったら庭に小屋を建てて、そこは太陽光で完結させたいと考えています。未来的でいいですよね。

で、そういった「小規模、低価格で、知識ゼロで設置できる太陽光パネル」って、実はあんまり売ってないんです。技術的にも商品的にも実現できるわけですから、うちのサイトで「イケハヤ太陽光パネルキット」を売りたいんですよ。

地元でも買ってくれる人はいるでしょうし、ぼくと同じようにそれを欲している人がネットで購入してくれるはずです。これもその気になれば年商1000万はいけそうなビジネスですね。

障害者の方々を雇用して、自伐型林業で稼いでもらう

もひとつ、これも現実的にやっていきたいのが「自伐型林業」というジャンル。「自伐型林業」についてはやや説明が必要なのですが、ざっくりいうと「自分で木を伐採して、自分で売る林業」のことです。裏を返すと、今の林業って、山のオーナーが自分たちで木を伐採せずに、森林組合などの組織に「外注」して、大規模に伐採をしているんです。その方が効率がいい……という政策判断があったようですが、周知の通り日本の林業は壊滅寸前で、従事者数も右肩下がり、高齢化も進んでいます。現実を見れば、政策の失敗があることは明らかです。

そこで出てきたのが、「外注型」の林業ではなく、自分たちで小規模に木を伐って、出荷しようという動き。このやり方なら、小資本で、持続的な林業が可能となるのです。高知は「自伐型林業」の先進地で、佐川町、仁淀川町では新規で林業を始める人々も増えています。

で、驚くのはその収益性で、人によっては年商1000万円を稼いでいる人もいらっしゃいます。林業だけで稼ぐというよりは、他にもゲストハウス経営、農業、山菜販売、狩猟といった「複業」で稼ぐのが主流のスタイルだそうです。

参入ハードルは低く、チェーンソー研修を受け、最低限の知識を身につければ林業家になれてしまいます。話によれば、元ひきこもりの方で、今は林業で稼いでいる人もいるとか……。

県外では障害者雇用の一環として、自伐型林業を採用しようとする動きも出ていると伺いました。これはとても面白い観点ですよね。

ぼくもまずは自分で自伐型林業に挑戦して、軌道に乗ってきたら「障害者雇用」の文脈で林業を広めていきたいと考えています。高知にも、もちろん低賃金の障害者の方々が多数いらっしゃるので。

林業近辺はまだまだ仕事が山のようにあり、加工販売で成功しているビジネスパーソンもお見かけします。嶺北では、地元の木材を使ってオーダーメイドの犬小屋を制作しているクリエイター、同じく地元の木材でインテリアを作っている会社などがあります。

関連するところでは、高知は室戸、そして大月町という町では「炭焼き」で稼いでいる人たちもいらっしゃいます。高知は備長炭の生産地でもあり、2014年には備長炭の生産量で日本一となりました。「イケハヤ備長炭」を生産して、「イケハヤ商店」で売っていったら面白いですよね。

特製「こおろぎパン」を販売

突然ですが、うちの庭に生息しているコオロギ、めちゃくちゃ美味しいんですよ。捕獲して洗って、オリーブオイルでカラッと揚げて、粗塩を振るともう絶品。お酒が最高に進むおつまみになります。

「コオロギ食べるなんてとんでもない！」と思う方は、世間が狭いですよ。世界を見れば昆虫食はむしろ一般的。日本人だってイナゴ食べてるじゃないですか。同じですよ、同じ。ましてやコオロギは「エコフード」としても注目されており、アメリカにはコオロギの養殖をして乾燥、粉末にして「コオロギチップス」を生産しているベンチャーもあるくらいです。低カロリー高タンパクで、何より生産における環境負荷が少ないんです。昆虫は牛や豚と違って、放っておいても増えていきますから。

コオロギってマジで味がいいんです。ぼくの友人の篠原祐太さんは、コオロギを使ったラーメンを、プロのラーメン屋と一緒に共同開発していました。コオロギからは、ラーメン職人もびっくりの旨味ダシが取れるそうです。これ、一度食べてみると意味がわかりますよ。

うちの庭のコオロギは、そんな彼が感動するほどうまい個体が多いそうです。「うぉっ、イケハヤさんちのコオロギうますぎ！」とわが家で歓喜していました。日本が誇るべき変人です。

そんなわけで、真面目に、コオロギの養殖をやりたいんです。粉末にしてパンにして「こおろぎパン」として売り出そうと思っています。かわいいじゃないですか、響きが。こおろぎパン。ついでに栄養価も高いわけです。

うちの妻がパンを作れるので、地元の酒粕でおこした天然酵母と、わが家のコオロギパウダーを使って、美味しいパンを焼いてもらおうと思います。まだ食べてないですが、これ多分美味しいですよ。酒粕パン特有の香ばしさと、コオロギの風味がマッチして最高のおかずパンになるはず。

昆虫食はまだまだ「げてもの」感があります。が、今後世界人口が増加し、食糧危機が身近になっていけば、ぼくらの生活に再び虫が入ってくることは明らかです。実際に味が良くて、しかも環境負荷も低いわけですから、さっさと普及させた方がいいと思うんですよねぇ。

というわけで、イケハヤ商店では「無添加コオロギパウダー」を使った焼き菓子、パン、乾麺、保存食などを販売していく予定なので、どうぞご期待ください。養殖ノウハウ持っている人も随時募集中。一緒にやりましょう。「昆虫食」は過疎化した山間部に雇用を作る、効果的アプローチになると確信しています。

土地を使ってあなただけの自己表現ができる

こういう話を思いつくようになったのは、地元のおっちゃんたちによる「土地を使ったヤバい空間表現」に出会ったことがきっかけだったりします。そう、彼らは超一級のアーティストで、広大な土地を使って、自分のパラダイスを作っちゃっているんです。

もっとも衝撃を受けたのが、高知県大川村に住み、「さくら祭り」を開催する川上さんご夫妻。大川村には「さくら祭り」というお祭りがあるんですが、これ、個人が主催しているお祭りなんです。

「お祭りって、自分で企画してもいいのか!?」と、カルチャーショックを受けました。かなりしっかりしたお祭りで、さくらの木がどどーんと植わっているのはもちろん、休憩できるログハウス、小屋、食事を楽しめる露店まで用意されています。

なんの事前情報もなく訪れたら、村が主催している祭りだと思い込むはずです。でも、個人が自分の山を使った、「マイお祭り」なんですね。すごすぎる。

他にもぼくが住む本山町には、「ミシシッピ」という珍スポットがあります。カフェとして有名で、たいへんに美味しいエスニック料理を味わえる名店なのですが、この店がすごいのは店主の「アトリエ」。

オーナーの藤島さんはアーティストでもあり、巨大なガレージを使ってマイワールドを作っちゃっているのです。そのスケール感は度肝を抜かれること請け合いなので、ぜひ本山町に立ち寄った際は覗いてみてください。

ぼくは冗談抜きに、人生観が変わりました。「あぁ、こんな自由に表現していいんだ！」と。ブログ書いてるのがバカバカしくなりました、ほんとうに。

もうひとつ。「ほんとうにアホだなぁ……」と敬意を込めて感じたのが、標高1400メートルの「梶ヶ森」で開催されるロックフェス「カジロック（梶ヶ森ロックフェスティバル）」です。「フジロック」と名前は似ていますが、すさまじい山奥で開催するあたりが違います。

笑ったのですが、山頂は天候が割と荒れるので、5メートル先で熱唱しているミュージシャンの姿が、濃霧で霞んでいるんです。近いはずなのに、よく見えない……。

そして、寒い！　8月の末日に開催される夏のイベントですが、標高1400メートルは極寒レベル。パーカーを着込んでも寒くて震えます。参加者はもちろん、主催者までも寒さに震えていたのもシュールです。

ぼくは早めに帰ったので無事だったのですが、夜10時頃は天候が大荒れで、「いやー、けが人が出なくてほんとうに良かった」と乾いた笑いでスタッフが後日談をしていました。でも、その姿はたしかに「楽しそう」で、きっとまた来年もやるんですよ。ぼくも運営スタッフになりたいと思っています。来場者数を考えるとトントンか、むしろ赤字なのではないか、という小さなロックフェスですが「やっていて楽しい」から、関係ないのでしょう。

面白いのは、「さくら祭り」にせよ「ミシシッピ」のアトリエにせよ、「カジロック」にせよ、誰から頼まれたわけでもなく、「自分たちが楽しいから」実現した場なんですよ。語弊を承知でいえば、それらは「遊び」の延長線上にある、創作物なのです。

田舎暮らしをしている方は同意いただけると思いますが、地方では「おとなが本気で遊んでいる」のです。文化祭的なノリが、おじいちゃんおばあちゃんになっても残っている。若い人もそれに刺激され、自分たちの世界を作ろうとする。「地域活性化」なんてお題目を唱えずとも、勝手に面白い場所を作り上げちゃうわけです。

東京では欲望が無意識のうちに抑圧され、「やりたいこと」のレベルは自然と押し下げられます。せいぜい「週末にディズニーランド行こう」というレベルでしょう。

スケールが違うんです。高知の山奥には、マジで「10年かけてディズニーランド作っちゃおう」と考えている人たちがいますよ。東京じゃ、自分でお祭りを作ろうとは思わないでしょう。そういうことです。

東京で生活をしていると、無意識的に「創造性の壁」が脳内に形成されるのです。住む場所というのはその意味で非常に重要で、環境を変えるだけで、創造性は爆発するんですよ。

東京で作られたレジャーを楽しむのはもうやめて、地方で面白いことを仕掛けましょう。ぼく、「日本で一番面白い公園」を私設で作りたいんですよ。誰か一緒にやりません?

「ないものだらけ」だから、ビジネスのアイデアが生まれる

地方がすばらしいのは、東京と違って「ないものが多い」んです。ぼくが住んでいる本山町には「ないものだらけ」で、カレー屋も、牛丼屋も、つけ麺屋も、ケーキ屋もありま

せんし、美術館も映画館も温泉もゲストハウスもありません。
「ないものだらけ」というのはすばらしい環境で、「だったら自分たちでやろう」と思えるんです。ぼくは実際、そのようにしてこれまで語ってきたようなアイデアに出会いました。「まだないけど、自分でやりたいこと」は地方に行けば、いやというほど出会えてしまうのです。

東京に暮らしている若者から、しばしば「やりたいことが見つからない」という相談を受けます。そんなの、当たり前ですよ。だって、東京にはなんでもありますから。

自分がやったって、それは常に二番煎じになります。二番煎じなんて、つまらないですよね。「やりたいこと」になるわけがないじゃないですか。

ぼくだって、東京にいた頃はやりたいことなんて出会えませんでしたよ。「やりたいことが見つからない」のは、個人の意欲や能力の問題ではなく、環境の問題なのです。みんな、このことに気付かず、苦労していますよね。

地方に行けば、否が応でも「なんでこれがないんだろう?」という刺激に出会い、「じゃあ、やってみよう」という発想に至ります。周囲にはそのようにして自分のプロジェクトやお店を始めた人がたくさんいますから、応援者、協力者も見つけやすいです。

甘いことを言っているようで警戒されてしまいそうですが、地方に行けば、「やりたいこと」と簡単に出会えますよ。ぼくくらいになると、やりたいことなんて、エンドレスに浮かんできます。東京でやりがいのない仕事をしているなら、さっさと地方に行くべきです。

住民税を納めることが喜びに変わる

また、仕事という観点では「住民税」を払うことに抵抗感がなくなったのも、面白い変化だったりします。

シンプルな話で、地方では行政との距離感が近く、サービスを享受している実感も強いのです。それこそ、役場の人がわざわざ自宅まで財布を届けてくれるくらいですので。ぼくが払った住民税が役場の人の給料になるのは、それはむしろ気持ちがいいことです。

ぼくが住む本山町の町税収入は、年間3億円ほどです。これ、ひとりの個人がインパクトを与えるのはそんなに難しくない金額ですよね。ぼくの課税所得が1億円くらいあったら、街はだいぶ豊かになるはずです。課税所得1億なんて、東京にはごろごろいますよね。

最近はアベノミクスで景気もいいし。

住民税を稼げば、それだけ町が潤い、行政サービスも充実します。こどもの教育も、高齢者の介護も改善するでしょう。町の魅力が高まれば、優秀な人が集まり、さらに稼げるようになっていきます。このように、稼げる個人は、町に大きな影響を与えることができるんです。これ、ワクワクしませんか？

東京あたりで1億円稼いで納税したって、誰からも感謝されないし、その影響なんて見えないじゃないですか。むしろ無駄遣いの方が目に入ってしまいます。

がっぽりお金稼いでいる人は、田舎に移住して、住民税どかーんと納めると、楽しいことになると思いますよ。あなたの銅像とか立っちゃうかも？

自分の手で「国」を作りませんか？

もっともっと話を広げると、地方では、自分の力で社会システムすら作れてしまうんですよ。いってみれば「国づくり」です。

ぼくはこんな夢を見ています。まず、がっぽりお金を稼ぎます。で、住民税を納めて魅力ある町にしていただきます。ビジネスをどんどん拡張し、優秀な若者を雇用し、町の経済、コミュニティを豊かにしていきます。

若者のなかには、ＮＰＯを経営する人、政治家を目指す人も出てくるでしょう。そうなれば、高齢者しかいない政治の現場は、徐々に若返っていきます。地方に行くと、高齢の議員さんも「若い人がいれば譲りたい」という話をしてますしね（実際、高知では無投票で当選する地域も多いです）。

若い人が政治の現場に食い込むようになれば、街はさらに面白くなります。申し訳ないですが、やはり年齢は重要です。今の日本が面白くないのは、街のトップがおじいちゃんばかりだからです。高知県、福岡市、千葉市、関市&美濃加茂市、武雄市（替わってしまいましたが……）などなど、現に若手の首長がリーダーシップを取り、街が再生している地域は多いです。

今の元気がない地方を考えれば、「地域を若者が乗っ取る」くらいの勢いがあっていいんですよ。高齢化が進めば、どん詰まりになっていくのは、目に見えているわけですから。「やってみなさい」の精神で若者に立場を譲っていく地域が、これからは生き残っていきます。

うまくすれば、ぼくら若い世代は、自分たちが望む理想の社会を、自分たちの手で作ることができます。東京は大きすぎて無理でも、規模の小さい地方なら、自分たちの「自治区」を作ることができます。これ、すごくワクワクしませんか？

　SF的にいえば、うまくいくと、将来は「実質的に独立している小国家」が日本に乱立するようになると思います。中央に頼らないで済む経済・社会システムを作れば、「日本国」である必要はないのです。

　とはいえ、それは「打倒国家！」みたいな話ではなく、「あ、ぼくらはぼくらで、勝手にやるんで心配しないでください」的な、マイルドな独立になっていくのでしょう。

　地方でマイルドな独立国家、いいじゃないですか。東京の郊外に35年ローンで家建てて「一国一城の主」みたいなみみっちいことやっている場合じゃありませんよ。国作りましょう、国。待ってます。

第5部
移住で失敗しないための5つのステップと知っておくべき制度

移住の事前知識はひとまずこれでOK

本書をここまで読んでいただき、東京で消耗している読者のみなさんは「思いきって田舎へ移住してみるのもアリかもしれないな」と、真剣に考え始めていることでしょう。

第5部では、いざ移住をする上での基本的な5ステップと、移住する上で知っておきたい制度を紹介します。

すぐに移住するつもりがないあなたも、ここで紹介した移住の5ステップを頭に入れておきましょう。そうすれば、ここぞというタイミングですぐに具体的な行動に移れるはずです。

移住で失敗する黄金パターン

……と、具体的な方法の話に入る前に、よくあるエピソードを共有しましょう。これから語るのは、実話をつなぎ合わせたリアルなフィクションです。

とある山間部の集落、名前はB村とでも呼びましょうか。山中にも拘わらず風光明媚な場所で、うっそうとした山道を抜けると「ぱっ」と視界が開けます。

棚田が美しい小さな集落で、100人ほどの住民が密集して住んでいます。65歳以上の人が70パーセントを超えている、いわゆる限界集落です。が、その景色と元気な高齢者たちを見ると、とても「限界」には見えません。

行政も集落も、移住支援には力を入れています。ひとつは「空き家バンク」で、県外の移住者が購入・レンタルできる空き家がサイトには複数掲載されています。B村の空き家もここに掲載されており、しばしば移住希望者が見学に訪れていました。空き家のオーナーは10年以上前に村を離れ、今は市街地に住んでいます。

空き家バンクへの掲載から1年ほど経って、その物件は無事に売れました。

さて、ここからが問題。

地元の人たちは「あの家が売れたらしいけど、いったい誰が買ったんだ？」と騒ぎ始めます。ざわざわ……。

話を聞いてみると、定年退職した70代の夫婦が、名古屋から移住するようです。

「そんな人たちが、うちの集落に馴染めるのだろうか……？」

集落には不穏な空気が漂い始めます。

物件が売れた数ヶ月後、問題の夫婦はB村に住み始めました。しかし、集落のしきたりを知らない都会人が来たところで、なかなか馴染むのは困難です。

予想通り、ゴミ捨てや草刈りなどで、細かいトラブルが絶えません。あるときは、「あんたの家のこの倉庫は、昔から集落の共有物だ。購入した物件だろうが、権利などは関係ない。置いてある荷物はすべて運び出せ。明日になっても空になっていないようなら、警察を呼ぶぞ」と地元住民が殴り込み。翌日、集落の一部の人間がほんとうに警察を呼んで、B村は大騒動になりました。

その後もトラブルは絶えず、名古屋から来た夫妻は最終的にうつ病を患い、B村を出て、市街地に引っ越すことになりました。空き家の権利はまだ手放していないようで、その家は美しいB村に今日も変わらず佇んでいます……。

移住地には難易度がある

こうした話は、あんまり表に出ていませんが、割とよくある話のようです。

人生の諸先輩には申し訳ありませんが、トラブルになりがちなのは定年退職した高齢者の方々が多いですね。

というのも、リタイア組は「隠居」「のんびり田舎暮らし」がしたくて移住しているので、集落の草刈りや神事を避けようとする傾向があるのです。

これじゃあ、そりゃあ地元の人も排他的になりますって。その逆に、若い人、特にこどもがいる世帯なんかは、割とすんなりディープな集落に溶け込む傾向があったりもします（まさに「子はかすがい」です）。

さて、第5部で強くお伝えしたいのは、移住地には「難易度」があるということです。先の例で挙げたB村は、難易度でいえば最高レベル。5段階評価なら文句なしに「5」です。

相当なコミュニケーション能力や、お金を稼ぐ能力がないと、すんなり入り込むことはできません。ぼくでも無理ですね。

空き家バンク経由でいきなり入るなんて、ほとんど自殺行為です。こういう場所には、2段階、3段階、4段階とステップを踏んだ上で入り込むべきなのです。

一方で、人口の多い「市街地」に関しては、移住難易度が大幅に下がります。東京の引っ越しと同じ感覚で移住することができるでしょう。中心市街地に近ければ近いほど、生活は東京時代のそれと同じか、それ以上に快適になります。面倒な人付き合いや草刈りなどは、もちろんありません。

　参考までに、ぼくが知っている範囲で、高知県のエリア難易度をはじき出してみました。同じ町でもエリアによって難易度の上下は変わるので、あくまで主観的かつざっくりとしたイメージとしてご理解ください。

レベル１：高知市中心部
レベル２：南国市、香美市、安芸市、四万十市、須崎市中心部
レベル３：本山町、土佐町、大豊町、室戸市、東洋町
レベル４：安田町、奈半利町、芸西村
レベル５：高知市土佐山、高知市鏡のような、過疎化した集落

　この場合、たとえばいきなりレベル5の「土佐山」「鏡」に行こうとするのは、相当難易度が高いと考えるべきです。

　なかにはダイレクトに入り込んで定着する人もいらっしゃいますが、それは「こどもがいる」「手に職がある」「コミュニケーション能力が超豊かである」「ゴーイングマイウェ

イである」など、特別な素養が求められます。

というわけで、移住をするなら、まずは中心市街地にソフトランディングするのがベターです。いきなり田舎に行くのは、失敗確率がかなり高まります。田舎暮らしに憧れを抱いていても、こればかりはリスクがあるので、まずはおとなしく、それなりに栄えた町に住みましょう。田舎に行くのは、そのあとで十分です。

ステップ1 「やりたくないことリスト」を作る

さて、ステップ論に入っていきます。

移住をする上で最初にやるべきこと。

それは今の生活のなかで「何が不満か」を書き出してみることです。

ご結婚されている方は、ご夫婦で話し合いながら「やりたくないことリスト」を作ってみてください。これは、非常に意味のあるリストになっていきます。

たとえばぼくの場合はこんなリストになりました。

・食事で残念な思いをしたくない

・満員電車に乗りたくない
・長時間労働はしたくない
・高くて狭い家に住みたくない
・面倒な人付き合いはできるだけ避けたい
・休みの日につまらない思いをしたくない
・子育て環境に妥協したくない

このリストをもとに、自分たちが暮らしやすい場所を選んでいきましょう。

「やりたいこと」を描くのもいいですが、それは得てして、移住したあとに変わっていくものなのです。一方で「やりたくないこと」は個々人の人生哲学が一本通っており、長期的に変化しにくいものです。ゆえに、まずは「やりたくないこと」だけを考えればいいのです。

むしろ、事前に「やりたいこと」をきっちり決め、その目標を実現するために移住するのはおすすめしません。

やりたいことを明確に描きすぎると、それが実現できなかったとき、勝手に期待を裏切られて、地域に幻滅して去っていくことになります。そうではなく、当初は「やりたいこと」はぼんやりと描く程度にして、移住したあとに明確にしていくべきなのです。地域に入っていくとさまざまな出会いや発見があり、事前に決めた「やりたいこと」は刻一刻と変化していきます。自分自身の考え方、価値観も変わっていくので、事前に描くのはあんまり意味がないのです。

ぼく自身はまさにそのような感じで、移住したあとに、「やりたいこと」を描いていきました。今も毎日のように「やりたいこと」が浮かんできているのは、前述の通りです。

地方はすばらしい包容力があるんです。やりたいことは「あとから描く」ようにしたほうが、その絵は総じて大きくなり、自分もワクワクできるものになります。東京にいるときに描いた「やりたいこと」なんて、移住して1年も経つと、自分で鼻で笑いたくなるような話になりますよ。

ステップ2 生の声を聞く

「やりたくないこと」を言語化し、条件に見合う移住候補地がわかったら、具体的に移住先を絞っていきましょう。

その際に一番重要なのはそこに住む人々の生の声を聞くということです。

土地としての魅力などはネットで調べればそれなりに情報は出てくるでしょう。しかし、田舎の独特な雰囲気、文化などはネットには上がっていません。

これも中に入らないとわからないことですが、同じ集落でも、どこに住むかで文化が違ったりします。

たとえば、ぼくは人口150人ほどの地区に住んでいるのですが、ぼくが居を構えている山頂の集落は、意外すぎるほど「個人主義的」です。全体の世帯数は10世帯ほどでしょうか。田舎特有の面倒くさい行事やお祭りが、ほとんどありません。これは住んでみてかなり意外で驚きました。

話を聞いてみると、昔はここに集落の拠点があったそうですが、国道が通ってからは、もっと便利な街中や、山の入り口の方に多くの人が引っ越していったそうです。ゆえに、山頂には人がいなくなり、今住んでいる人は、むしろ移住者が大半になっているのです。何代も住まわれている方は1〜2世帯で、残りは1代目の移住者ばかりです。なるほど道理で、面倒な人付き合いがないわけです。周りも移住者ばかりなので、排他的な空気は一切なく、みなさんウェルカムな雰囲気で受け入れてくれています。

少し下に降りると人が密集して住んでいるエリアになり、そこはもちろん、昔ながらの人付き合いが残っています。排他的な空気はありませんが、ここは隣家が近いので、人付き合いや注意点は山頂より増えます。ぼくはあんまりそういうのが得意ではないので、隣家との距離がある山頂周辺に定住しようと考えています（その意味で、人がぎゅっと集まって住んでいるエリアは、得てして難易度が上がります）。

で、こういった情報はネットで探すことができないんです。いきなり排他的な集落に飛び込むのはリスキーなので、万全を期して、今住んでいる人の話をまずは聞きに行くべきです。それでもわからないことがあったりするから、なかなか田舎への移住は難しいのですが……。過疎地になればなるほど、足繁く通わないと情報が集まってきません。

田舎に行きたいなら「二段階移住」が大前提

ここで現実的になってくるのが「二段階移住」という考え方です。

東京から地方に移住したいと考えている人の多くは、ぼくが住んでいるような「田舎」を探していると思います。

が、田舎は物件を見つけることが困難です。不動産屋はありませんので、人づてで物件を見つけるしかありません。また、第5部の冒頭で話したエピソードのように、運良く「空き家バンク」で物件を見つけたとしても、コミュニティに入り込むためのハードルもあります。ゆえに、まずは県庁所在地レベルの「地方都市」に居を構え、そこから自分たちにあった「田舎」を探すことを、強く強くおすすめします。

かくいうぼくの場合も、まず1年ほど高知市内に住み、それから本山町の山奥へと引っ越しました。当初は高知市→本山町の中心部→本山町の山奥という「三段階移住」の計画だったのですが、幸いにしていい物件の情報を得ることができ、一足飛びで山奥に移住しました。

第1段階として高知市に居を構えたことで、さまざまな地域を実際に見ることができたのは、かなりのプラスでした。「ここは良さそうだなぁ」「ここは何もなさそう」と第一印象で感じる地域でも、2泊3日で滞在し、現地の移住者の話を聞くと、大きく印象が変わることがあります。

また、地域を回って「ここに住みたいんですが」と話を聞いていくと、それ自体が「就職活動」になり、運が良ければその場で「あ、仕事ならちょうどあるから、とりあえず住んでみる？」という話になる可能性があります。これ、ほんとうによくある話なんですよ。

この本を手がけてくださった編集者の箕輪さんは、ぼくが住む嶺北エリアに数日滞在し、見事、居酒屋で出会った林業関係のおじさんに「うちに仕事にこないか」と誘われていました。箕輪さん、編集者の次は林業、いかがでしょう。

というわけで、「東京から田舎に行きたい」と考えている人も、まずは中心市街地で生活することから始めましょう。市街地なら不動産屋で物件も探せますし、アルバイトなどの求人も多くあります。田舎への移住は、それからでも間に合いますし、むしろ、ワンクッション、ツークッション置いたほうがいい条件で移り住むことができます。

ステップ3　移住前に旅行して、知り合いを作っておく

二段階移住にせよ、中心市街地への移住にせよ、本格的に住み始める前に、現地に友人を作っておくことをおすすめします。

移住地を探す際には3〜4泊の旅程を組み、現地で知り合いを作るために行動しましょう。

「友だちの友だち」を頼るのもいいですし、まったくつてがなければ、地元のカフェや居酒屋に入って、話を広げていくという方法もあります。

先日高知に移住したとある方は、「たまたま入ったカフェ」がきっかけで、家と彼女が見つかったとか。自分をオープンにしていけば、出会いはけっこうあふれているものです。「この街に住みたい」と言われて、嫌な気がする住民はそうそういませんしね。

移住前に地元住民とのつながりができてしまえば、その人経由で人脈が広がっていきます。いきなり何のコネクションもなく住み始めるのもいいですが、どうせ地元の人とはのちのちつながるわけで、移住前から接点を持つようにした方が効率的です。物件や仕事の情報なども手に入りますしね。

後述するように、移住したい地域に「移住支援団体」がある場合は、そこを頼ってみるのがいいでしょう。行政の移住相談窓口でもいいのですが、民間団体の方が柔軟なので、民間ＮＰＯなどが活動している場合は、そちらの門戸も叩くのをおすすめします。

ステップ４　物件を探す

続いては引っ越しですね。これが案外、土地勘がないので難しかったりもします。

基本的に土地勘がないはずなので、地元の住民や不動産屋のスタッフに「こういう感じの暮らしがしたいんですが、おすすめのエリアはありますか？」と聞くことは必須です。

地方都市でもエリアによって文化が違ったりするので、自分にあった土地を探しましょう。うちの場合は「子育て世帯が多く、治安のいい場所」を探した結果、最初の家は転勤族が移り住むことが多い、比較的家賃の高いエリアになりました。

もうひとつ、地方は物件情報がかなりクローズドなので、チェーン系の不動産屋はあまりおすすめしません。ぼくも移住にあたって4軒ほど回ってみたのですが、いまいちいい物件が見つからず……。

「また来月物件探しに来ようか……」と妻と諦めながらグーグルマップを開いてみたら、たまたま地元の方が経営している小さな不動産屋があり、そこで話を聞いてみたら、出るわ出るわ、いい物件の情報が。やっぱり、地元業者の方が情報持っているみたいです。話を聞くと、不動産屋さんとその物件のオーナーはご友人で、他には出ない情報が流れてくるとのこと。

というわけで、物件探しの際には、先輩移住者に「どの不動産屋を使いましたか」と聞いてみることをおすすめします。都会と地方では情報の流通経路が違うので、基本的には地元業者を頼るのがいいでしょう。

ここまで話したのは市街地の話で、田舎の物件探しはまた話が変わります。なんせ、物件情報サイトなんてありませんから。行政が運営している「空き家バンク」も、地域にもよりますが、参考程度にしかなりません。また、ほんとうにいい空き家は、得てして空き家バンクに載っていなかったりもします。

田舎の物件は、完全に「人」を経由して流れてきます。いきなり突っ込んで行ってもだめなんですね。ぼくが今住んでいる物件も、たまたまイベントで知り合った方から情報をいただき、入居することになりました。ディープな田舎に移住したい人は、焦らずじっくり、さまざまな人から情報を集めていきましょう。こればかりは、時間がかかってしまいますね。

ステップ5 仕事を探す

最後のステップは仕事ですね。

すでに、移住後でも続けていける仕事を持っている人は、このステップは読み飛ばしていただいて構いません。「今の仕事を辞めて移住する」「何らかの理由で仕事が続けられなくなり、心機一転移住する」という方のための話となります。

ぼくがおすすめするのは、「いっそ移住したあとに仕事を探す」という、いきあたりばったりのアプローチです。かなり不安もあるかもしれませんが、案外、なんとかなります。100万円程度の貯金があれば、生活費も安いので、のんびりいい仕事を探すことができるでしょう。先ほどから申し上げているように、「移住したあと」にこそ、やりたいことも見つかりますし、仕事も舞い込んでくるんですよ。

「まったく貯金がない！　すぐに仕事をしないといけない！」という場合は、割り切れる人はアルバイトで暮らしましょう。よほどの過疎地ではない限り、なんらかのアルバイトはあるはずです。

「さすがにアルバイトは……」と割り切れない人は、各種の求人サイトや、行政が運営している移住相談窓口を使って、仕事を探してみましょう。

高知県の場合、移住相談窓口は「仕事探し」についてはよく機能しており、ぼくの周辺でも3人ほど、相談窓口で仕事を見つけて移住を果たした方がいらっしゃいます。仕事の面で妥協しているということもなく、みなさん楽しそうに働いています。移住者への仕事紹介という点については、現時点では民間よりも行政の方に強みがある印象を抱きますね。

まぁ、個人的にはアルバイトで入り込んでしまっていいんじゃないかなぁ、と思っています。いろいろな抵抗はあると思いますが、割り切ってしまいましょう。アルバイトだって、死にはしません。

まずは半年、アルバイトで生計を立てつつ、地域をうろうろしながら物件や仕事の情報を集めてみるのをおすすめします。人材不足で悩んでいる事業者は、実際そこらじゅうにいますから。

変にかっちり正社員雇用を確保しちゃうと、せっかく移住したのにフットワークが重くなりがちですし、そこまで焦らなくてもいいと思いますよ。

「地域おこし協力隊」の落とし穴

もうひとつ、超重要なキーワードなので解説をしておきたい話があります。「地域おこし協力隊」についてです。

こちらは総務省が実施している事業で、ざっくりいうと「最長3年間、役場のスタッフとしてお給料をもらいながら、地方で生活&仕事することができる」という仕組みです。安倍政権肝いりの「地方創生」施策で、今後も協力隊は増やしていく方針とのことです。

何といっても、収入が3年間保証されるのは大きいですね。一般的には、3年の任期のあいだに自分で仕事を作り、卒業したあとは自力で定着することが理想とされています。

ぼくが住む本山町でも「地域おこし協力隊」がきっかけで町に住み、卒業した今も定住している方が複数いらっしゃいます。賛否両論はあれど、ぼくは非常にいい仕組みだと考えています。

協力隊の募集情報は、専用のウェブサイトで簡単にチェックできます。随時情報は追加されているので、「仕事はないけど地方に移住したい」という方は必見です。

しかしながら！　話はそんなに甘くないのもリアルなところで、協力隊は、ぶっちゃけ「失敗」している人が続出している制度でもあります。

もっとも知られているのが長崎市の事例。「長崎市　地域おこし協力隊」で検索すると、元協力隊員の悲痛な報告がヒットします。協力隊になりたいなら、これは絶対に読んでおくべき資料です。

どんな話かというと、要するに「協力隊として赴任したけれど、役場が制度自体をよく理解しておらず、まったく活躍できずに任期が終わった」という趣旨です。で、この種の話は長崎市に限らず、各地で聞こえてきています。

厳しくいえば、現時点の「地域おこし協力隊」は、「若者の貴重な人生を無駄にする制度」にもなってしまっているのです。

しつこく強調しますが、ひどい話はほんっとーにたくさんあります。先日着任したばかりの方に聞いた話を共有しましょうか。彼は英語が堪能で、海外経験も豊富な人物。「訪日観光客を増やしたい」という個人的なミッションを持って、役場に着任しました。が、役場で待ち受けていたのは、まったくの無理解。一応上司らしき人はいるので「着任したけど、何をすればいいですか?」と聞いたところ、「えーと……この資料を英訳してくれるかな? あ、あとコピー機の修理をお願い」と頼まれたそうです。

そんなことに税金が使われているというのは、割とショッキングです。地域おこし協力隊は、役場の下働きを確保する制度じゃないんですよ。「地域おこし」を、協力する制度です。コピー機の修理係ではなく。

まぁ、とはいえ、行政側だけを非難するのも酷な話です。彼らは採用活動をしたこともなければ、外部から来た人材をマネジメントしたこともありません。現場が対応しきれないのは、無理のない話でしょう。

むしろこれは中央側の不手際であり、「役場に採用・受け入れのためのトレーニングをさせる」「募集時にはミッションを明記することを徹底する」「ある程度トレーニングされた人材のみを雇うようにする」といった、制度的改善を早急に施すべきです。

残念ながら、2015年時点では、地域おこし協力隊は「ハズレ自治体」が相当数あります。あえて厳しく感覚的に言えば……ウェブサイトに掲載されている半分以上の自治体は「ハズレ」です。えぇ。一部の方からは怒られそうですが、ぼくは断言します。今の時点で志願する人は、ハズレを引く可能性が高いと思った方がいいですよ。まだ始まったばかりの制度なので、改善するまで多少の時間がかかるのは仕方がないことなのです。

というわけで、地域おこし協力隊を検討している方は、かなり力を入れて、自治体の受け入れ態勢をリサーチしましょう。基本的には「初めて募集します」みたいな自治体は避けるべきです。すでに卒業生が多数いる自治体から探していくのが、ベターです。高知県だと、ぼくが住んでいる本山町は先輩も多いのでおすすめですよ。

面接を受けることになると思いますが、逆にみなさんが自治体側を面接するつもりで臨むと、ハズレを引く可能性も減らせるかと思います。

また、ぼくが運営しているオンラインサロン「ローカルワイズ」では、協力隊関連の情報も多数掲載しており、「ぶっちゃけこの自治体ってどう？」という質問にも回答しております。有料になりますが、本気で地域に行きたいと願っている人には、いいコミュニティになりますので、ぜひご参加くださいませ。

「お試し移住」でプチ移住体験

さて、ここまで移住の5ステップを説明してきましたが、いきなり東京から地方へ本格的に移住するのは、さすがに難易度が高いものです。

今はとてもいい時代で、自治体によっては安価に長期間滞在できる「お試し移住」制度を用意しています。地方への移住を検討している方は、まずはこうした制度を利用するのがいいでしょう。

たとえば、ぼくが暮らす高知県の嶺北地方では、土佐町役場産業振興課が一軒家を超格安で貸し出しています。「れいほくスケルトン」という地元の木材を使ったキットで造られており、2階建てで駐車場つきの豪華な一軒家です。キッチンや調理器具、冷蔵庫や洗濯機など生活に必要なものは一通り揃っており、地元のスーパーで食材を購入すれば自炊もできます。移住希望者は、この家になんと1泊3080円で泊まれるのです。

土佐町のモデルハウスの場合は最大3泊までですが、地域によっては1週間、1ヶ月、半年といった単位で借りられる家もあります。非常にお得な制度なので、ぜひ「お試し移住」で検索して、ピンとくる場所を探してみてください。高知市の「しいの木」は最初の2泊まで1室3240円、以降1泊1080円と格安で、田舎暮らしと町暮らしの両方が体験できるのでおすすめです。

ぼくの場合は、移住を検討していた時期に飛騨古川という地域に、お試しで1週間滞在しました。時期は豪雪の2月。尋常ではなく寒かったです。駅からお試し住宅までの距離は徒歩10分なのですが、ほんとうに、その道程で死を感じました。雪で前に進めないんですもの……耳がもげそうなくらい寒かったです。

すばらしい文化と景観のある大好きな場所なのですが、さすがにここに住むのはちょっときついかなぁ……と、体験してみて強く感じました。こういう経験も、お試し移住ならではですね。

長期でお試し移住をすれば、自然と地元の人とのネットワークも芽生え、そこから仕事・住居の情報も手に入るかもしれません。お試し拠点は続々と増えているようですので、ぜひ利用しましょう。

余談ですが、この制度を利用して全国を旅行すると、かなり安く旅ができます。いい制度なので使わないと損ですね。

「多地域居住」という未来的な選択肢

また、東京を完全に捨てるぼくのようなスタイルではなく、東京に拠点を残したまま、地方にも生活拠点を持つという「多地域居住」というスタイルもありえます。有名なのはITジャーナリストの佐々木俊尚さん。彼は東京と軽井沢、福井の3ヶ所に拠点を持っています。

このスタイルが理想的なのは、多様な「刺激」を受けることができ、創作の幅が広がる点にあると考えています。ぼくは高知にしか住んでいないので、おとなりの徳島についての文章を書くことはできません。

が、もしぼくが徳島にも拠点を持っていれば、そこで人脈も広がり、「持ちネタ」になっていくわけです。創作・表現を扱う仕事をしている人にとっては、複数の拠点を持つことはとても合理的です。なので、ぼくは「四国すべてに拠点を持つ」という野望をひそかに抱えていたりします。

うちの妻は京都が好きなので、まずは京都、できれば海の見える北部のあたりに拠点を持とうと思っています。京都北部は田舎なので家賃も安いですし、北陸も近いので、行動範囲も広がります。あと、魚が美味しい。太平洋と日本海では魚介類がまったく違うので、できれば両方に拠点がほしいんですよねぇ。

今後、さらに社会が流動化していくと、多地域居住という選択肢も一般的になっていくと思われます。わかりやすくいうと、「別荘」が超気軽に持てるようになる、なんてイメージです。「アルバイトの高校生でも別荘が持てる時代」は近いのです。

現に、ぼくの知っている範囲でも「毎月数千円のお金を払うだけで、各地のリノベーション済み空き家に自由に滞在できる」というビジネスを始めようとしている人が複数います。日本全国で家は余っているわけですから、ひとりで複数軒の家を利用することは、より身近になっていきます。これからの未来が楽しみですね。

しつこいですが、35年ローンで郊外に家を買っちゃった人は、20年後あたり、後悔する羽目になりますよ。「なんで1軒の小さい家を、高額の借金背負って買っちゃったんだ……」みたいな。

東京にいながら「移住コンシェルジュ」の知恵を借りられる

もう少し、制度面の話を補足しておきましょう。最近は、各自治体が「移住コンシェルジュ」を設置しているので、移住を検討している方はこちらを訪ねてみるべし。専門の相談員が、移住にまつわるあなたの悩みに答えてくれます。

高知県の場合、「移住コンシェルジュ」は県庁内に窓口がある他、東京と大阪にも相談窓口があります。わざわざ地方へ出かけなくても、週末に都会で移住の話を懇切丁寧にしてもらえるのは便利ですよね。

彼らは特に雇用の情報をたくさん吸い上げていますから、給与や待遇面を含めてストレートに要望を伝えるといいでしょう。僕の知り合いにも、「移住コンシェルジュ」のおかげで仕事を見つけて高知にやってきた人がいらっしゃいます。

移住支援は自治体よりNPOがおすすめ

地域によっては、自治体が設置する移住窓口とは別に、移住促進支援に取り組むNPO（非営利活動法人）が活動しているケースもあります。

こういう地域は移住地として超おすすめです。すでに多くの移住者が入り込んでおり、先輩移住者の満足度も高いという証左ですから。

民間の人々が、誰から頼まれたわけでもなく、「ここは最高の土地だから、移住者を増やしたい！」と考えてNPOを立ち上げているというのは、すばらしいことですよね。

ＮＰＯを頼るメリットは多くあり、まず、彼らは就業時間にそれほど縛られません。地元ＮＰＯに「移住を検討しているんですけど」と相談すれば、「じゃあ飲みに行きましょうか」という話になり、夜な夜な地域の話を伺うことができます。シンプルですが、行政の窓口の人とは、なかなか飲みに行くのは難しいですよね。

また、移住支援ＮＰＯは特定地域に縛られているわけではないので、幅広く移住の選択肢を提案してくれます。どういうことかというと、自治体の窓口に行ってしまうと、「その自治体以外への移住はおすすめしてくれない」のです。

高知県本山町の窓口に行くと、当然ながら「本山町に住むための情報」しか提供してくれません。「あなたには高知市土佐山の方が向いているから、そっちにしたらどうですか？」という話には、なかなかどうしてなりにくいわけですね。これは行政が悪いというわけではなく、そういう構造的な問題があるということです。行政に相談する場合、「その地域の情報、サポートしか基本的に得られない」ことを理解しておきましょう。

その点、ＮＰＯに相談する場合は、「うーん……正直、あなたにはこの町は向いていないと思うから、別の町にしたらどうですか？」という提案が、比較的容易に得られます。

実際、ぼくのところに来る人には、そんなアドバイスをよく提供します。高知といっても広いので、その人が活躍できる場所、希望を叶えられそうな場所は、別の地域にあることが多いんですね。

そもそも「この自治体に移住したい！」という移住者は少なくて、「田舎暮らしがしたい！」「空き家を活用したい！」といった具合に、場所にはそこまでこだわらないケースが大半です。

その意味で、移住促進を自治体がやってしまうと、移住者のニーズを的確に拾うことができず、満足度・定着率を落とす懸念があります。

これは政策的な提案になりますが、移住促進は基本的にフットワークが軽く、他地域へのおすすめもできるＮＰＯに任せた方がうまくいくはずです。

とはいえ、まだまだ移住促進ＮＰＯが存在する地域は少ないのも事実です。ただし高知は例外で、「れいほく田舎暮らしネットワーク」「土佐山アカデミー」「暮らすさき」「いなかみ」「いなかパイプ」などなどの団体が、盛んに移住促進に取り組んでいます。

京都、福岡、長野、愛媛、徳島あたりもＮＰＯが元気なイメージがありますね。移住を検討している方は「この地域には移住支援ＮＰＯがあるかどうか」を、検討項目に入れるのをおすすめします。

いま腰を抜かすほどの補助金が出ています

自治体によっては、移住者に向けて多額の補助金を提供しているケースもあります。

有名なのが、高知県の梼原町。人口３７００人ほどのこの町は、移住者に向けて「山盛り」の特典をつけています。

その効果もあって、なんと梼原町は山間部にも拘わらず「人口減がストップ」し、こどもの数も増えているというから驚異的です。自治体がフルパワーで本気を出しまくると、３０００人程度の町なら人口減が食い止められるということを、見事に示してくれています。梼原町は全国的にはそれほど注目されていませんが、「過疎地の自治体経営」におけるひとつのロールモデルになっていくでしょう。

さて、そんな梼原町の補助をかいつまんで見ていきましょう。まず驚くのは新築物件への助成。地元木材を使って新築物件を建てると最大２００万円を助成し、40歳未満であればさらに１００万円を助成します。増改築にも最大１００万円を助成し、太陽光やエコ給湯などエネルギー関連の補助金まで提供してくれるのです。

とある移住者は、実際に合計４００万円近い補助金を町からもらって新築物件を建てたそうです。土地代はたかが知れているわけで……いやー、35年ローン組む必要なんてないんですって。

また、町が空き家を積極的に借り上げ、改修した上で移住希望者に貸し出しています。民間で空き家を活用するのは困難なので、この取り組みは全力で評価したいです。このほかにも、1ヶ月1万5000円で住める移住定住促進住宅もあります。

続いて子育て支援を見ていきましょう。まずは圧巻の「保育料と給食費は全額無料」。保育園のお金はかかりません。医療費は15歳まで無料です。未入園児の一時預かりがあったり（1日1000円、半日500円）、長時間預かりを実施したり（朝7時半から夕方6時半まで）、待機児童問題も心配ありません。

細かいところでは、市民プールをタダで使えたり、自己負担7万円でイギリスやオーストラリアに3週間留学できる海外留学支援制度もあります。「進学後、地元に戻ってくるなら全額免除になる」奨学金制度も用意。うーん、すごいですね……。

梼原町はずば抜けた例外ではありますが、各自治体、移住者向けの補助を充実していく方向のようです。希望地域の公式サイトをチェックして、どんな補助が提供されているかもチェックしてみましょう。

「空き家バンク」でお宝物件探し

ちらっと語った「空き家バンク」についてもあらためて。

自治体によって充実度はまちまちですが、各地域には「空き家バンク」というデータベースがあります。こちらは地域にある空き家の活用を促すための仕組みで、使い道に困った空き家オーナーが行政に掲載を依頼すると、町のウェブサイトに物件情報を載せてくれるというサービスです。

この空き家バンク、見ているともうワクワクが止まらない。物件の説明に「土地面積不明（どんだけでかいんだ!?）」と書いてあったり、小屋や離れなど補助設備が無駄に充実していたり、例によって水道代が無料だったりします。賃貸物件の場合は、概ね家賃は1〜2万円と格安レベルだと思います。

ただし、前述の通り、いきなり山奥の空き家に飛びつくのはリスキーです。どれだけ物件の状態が良くても、地域の文化に馴染めるかは別問題だからです。

むしろ、条件がいい空き家ほど、地元の人がこだわりを持っている傾向があるため、少し警戒しておくべきです。完全に見捨てられたぼろぼろの空き家の方が、案外地域的には住みやすかったりするから難しい。

市街地への第一段階移住を果たしたら、週末を使って気になる地域の空き家バンク物件を、実際に見に行ってみるのをおすすめします。やっぱり生で見ないとわからないですよ。ごくたま〜に、「え!? こんな物件、この値段でいいの!?」という大当たりがあるから、空き家探しは面白いです。

しつこいようですが、いきなり空き家バンクの物件を買って住むのは、ぜんぜんおすすめしません。よほどの自信がない限り「空き家バンク」の利用は、「第2段階」以降にしておきましょう。あれは基本的に、上級者向けの仕組みです。

物件についてもう1点付け加えると、競売物件も穴場です。「高知　競売」というキーワードで検索するだけでも、当たり物件がいきなり出てきたりします。競売物件を日常的にまめにチェックしていると、信じられない条件の家が見つかるかもしれません。まぁ、こちらも「第2段階」以降がベストでしょうけれど。

暇つぶしに競売物件や空き家バンクを検索すると、価値観がぶっ壊されます。100万円も出せば、とりあえず一軒家が手に入ることを、この目で知ることができますから。

修繕費が200万円かかるとしても、300万見ておけば、当面住める家が手に入っちゃいます。田舎の空き家は得てして敷地も膨大なので、使いようはいくらでもあります。まだ住宅費のために東京で残業して消耗してるの？

お得なシェアオフィスで地方に拠点を作ろう

最後に「起業」に関するサポートのご紹介。これも全国的に整備されていますが、あんまり知られていない話ですね。

最近各地で増えているのが、「廃校」を使った「シェアオフィス」。高知県ではシェアオフィスを借りる際に、様々な補助を受けることができます。以下、高知県のシェアオフィス情報を具体的に貼り付けておきます（２０１５年11月時点）。

高知家のシェアオフィス（安田町・本山町・土佐町・四万十町）に入居される方は、高知県から以下の助成を事業開始から最大３年間受けることができます。

●シェアオフィス賃貸料：補助率１／２
（１万円以内／人・月、＋市町村からも１／２以内の補助または免除有）

●通信回線使用料：補助率10／10（月額4万円以内）
●創業経費（創業後6ヵ月以内）：補助率1／2（100万円以内）
●事務機器リース料・能力開発費：補助率1／2（年額50万円以内）
●高知県内新規雇用奨励金：常勤30万円／人・パート15万円／人など

［例］

例えば、シェアオフィスで従業員2名（うち1名新規雇用）、家賃40,000円／月（税抜き）で事業を展開した場合3年間で最大 4,760千円の補助が受けられます。

（市町村からの家賃補助を合わせると最大で5,480千円となります）

※ただし、補助金額はシェアオフィスでの従業員数や新規雇用数、実際に支払った経費により変わります。

いやー、手厚すぎますよね。それなりの規模のビジネスをしているのなら、検討しないのは損です。東京の事務所を縮小し、そのかわりに地方拠点を増やすのもいいのではないかと。

自分の地域の宣伝ばかりですが、ぼくが住む高知・嶺北地方は「四国のど真ん中」なんですよ。山奥の町なんですが、地図を広げてみれば、「四国すべてにアクセスがいい好立地」でもあるんです。なので、ぼくはこの地域を「企業の四国進出の拠点地域」にしたいんですよね。実際に交通の便もよく、それでいて家賃や人件費は低く、生活環境も最高なので、大いにありだと思うんです。

他にも探してみると「田舎だと思われているけど、考え方を変えると、めちゃくちゃアクセスがいいエリア」は複数あります。たとえば奈良県、滋賀県などは、京都と大阪、そして名古屋にも近いので、関西に拠点を作る際はいい選択肢になりそうです。

今はもう、毎日都会のオフィスに出勤する時代ではありません。これから「各地の中心都市から少し離れた田舎に拠点を構えて、経営コストを抑えつつ、社員の生活満足度を高める」という戦略が合理的になると考えています。みなさん、嶺北でお待ちしております。

特別収録 妻へのインタビュー

妻の本音

ぼくはもう「サイコー！　サイコー！」とセキセイインコのようにしか語れないのですが、みなさんが気になるのはパートナーの感想だと思います。ということで、最後に妻・ミキさんに登場していただきましょう。妻は移住したことをどう感じているか。短いインタビューですが、お楽しみくださいませ。

移住のデメリットは？

イケダ　移住して1年半ですがどうでしょうか。いきなりですが、デメリットはありましたか？

ミキ　デメリットかぁ……。デメリットねぇ……。うーん。デメリットといえば……（沈黙）……夫がアル中になるんじゃないか、という心配が出てきたくらいかなぁ。

イケダ　すみません。

ミキ　あとは、実家が遠くなったのはちょっと寂しいよね。

イケダ　それはあるね。

ミキ　でもまぁ、デメリットと言ってしまえばデメリットだけど、親も高知を気に入って来てもらったら嬉しいし、私たちが田舎暮らしを試している過程と考えるといいよね。

イケダ　介護移住とかも東京は話題だしね。リアルな話、東京で介護受けるのは難しい可能性もあるしねぇ。子育て環境とかはどうですか？

ミキ　子育ては格段に良くなったと思います。

イケダ　どういう面で？

ミキ　うーん、衣食住。衣はないか、別に。食と住は東京より良くなったよね。あとは、こどもと遊ぶのが楽になったかなぁ。東京は行きたいところに出かけるのが大変だったよね。電車に乗って移動するのも、エネルギーが必要で。

イケダ　そうだよねぇ。それはこの本でも書いたよ。

移住して良かったこと

イケダ　では移住して良かったことは?

ミキ　良かったことねぇ。いっぱいあるけど、なんだろう、高知を好きになれたのが良かったねぇ。

イケダ　おぉ、いいこと言うね。

ミキ　特に私たちは念入りに話し合って計画的に移住したわけじゃないでしょう。

イケダ　ですね。あなたが高知に初めて来たときに移住を決めたね。

ミキ　タイミングに流されたというか、行き当たりばったりというか。その割に相性が良かったというか……それは食べ物が美味しいからかもね。期待以上。

イケダ　もともと食べることが好きだしね。食生活はどう変化した感じ?

ミキ　野菜をケチケチしないで買えるようになった。

イケダ　リアルだねぇ。

ミキ　前はさぁ、いちいち「高いな……でもこどもがいるし買うか」と思いながら買ってたから。

イケダ　わかる。

ミキ　食はほんとうに豊かになったよね。

今後の生き方

イケダ　ひとりの女性として今後の生き方はどうするの？

ミキ　うーん、あんまり考えてない。ひとりの女性として？

イケダ　いやなんか、あるじゃん、女性のキャリア論的な。

ミキ　こういうところにいると、なんでもありかな、と思うね。周りの人を見ていると。そうじゃない？

イケダ　いいねぇ。

ミキ　手づくり市にお菓子だしていたり、趣味の延長みたいな働き方をしている移住者がいるし。私もそんなに計画的な人間ではないから、子育てが落ち着いたら、そのうちなるようになるんじゃないかと思っているね。

イケダ　いい考え方だね。東京で働きたいみたいなのはないの？

ミキ　それはないよ！
イケダ　ですよね。
ミキ　もう東京で働くイメージが湧かないよ。東京で働くのは通勤とかを考えると難しいでしょ。住んでいるところの近くで働くのも難しいし。とにかくここの「時間に追われない」という暮らしが、私の体に合っていると思うので、そこは戻したくないな。
イケダ　あなた苦手だもんね。だいたい遅くなるし。
ミキ　そうでしょ。

移住による価値観の変化

イケダ　価値観とか変化あった？
ミキ　ちょっとポジティブになったんじゃないかな。
イケダ　そう思うよ。実際ポジティブになった感じする。
ミキ　もともと自分のことをネガティブで根暗な感じだと思っていたけど、最近はそうじゃない気がしてきたよ。「なんとかなるさ」という風土がほんとうにここにはあるから。貯蓄しなければならないという不安からは解放されたね。

イケダ　そうだね。

ミキ　所持金1万円で生きている人がいるというのは信じられなかったけど、今では、ありえると思えるね。お金よりも人とのつながりというか。先のことばかり考えなくなったよね。将来の不安というか。あるはあるんだけど。

イケダ　考えてもしょうがないよね。

ミキ　夫婦で話し合えるかどうかは重要だと思うね。その都度その都度話し合える関係性があったら、どうにでもなるという感じなのではないでしょうか。

イケダ　すばらしいまとめをありがとうございます。

エピローグ
あなたがダメなのは、あなたが無能だからではなく「環境」が悪いだけ

というわけで、移住して1年半、これまで見て感じたことは、ひとまずのところ語り尽くすことができました。情報は随時アップデートされていくので、今後の展開はぼくのブログを見ていただけると幸いです。

最後に伝えたいことは「環境を変える」ことの意味についてです。

この本を手に取った方のなかには「会社でも活躍できず、やりたいことも見つからず、うつ病気味で、もうだめだ」みたいな方もいるでしょう。「こんなに頑張っているのに、ぜんぜん成果を出すことができない。自分は無能なんだ」とか。

これ、間違っているんですよ。

あなたが悪いんじゃないんです。あなたが選んだ「環境」が悪いんです。

つまり、「環境」を変えれば、あなたはすぐに活躍することができ、やりたいことも見つかり、精神も健康になり、有能感を抱くことができるんです。

かくいうぼくも、東京ではけっこう頑張っていたんですが、なかなか成果が出なかったんですよ。

はあちゅうさん、「ザ・スタートアップ（通称TS）」の梅木さんをはじめとする同世代のブロガーを見ては、「やべぇ、こいつらすごい。負けてる……」と劣等感を感じてみたり、一向に増えないアクセス数に打ちひしがれてみたり。

いやはや、バカですね。環境を変えれば良かったんですよ。シンプルすぎる話です。

東京から高知に環境を変えたら、東京で課題に感じていたことは、すべて、ほんとうにすべてサクッと解決しました。

アクセス数は右肩上がり。移住して1年半が経った今もページビューは増え続け、そろそろ移住前の5倍、月間300万ページビューに届きます。このまま延長線で、500万はいけると見ています。

売り上げも同様に右肩上がり。こちらも移住前に比べて、2～3倍に成長しています。

ブログだけで年商1億は、別に難しい目標ではありません。さっさと達成しますよ。

こうなると自分に自信も出てきて、調子に乗って東京時代は「絶対にやるまい」と決意していた「人材採用」に手を染めてしまいました。ろくにマネジメントはできていませんが、アシスタント（もとい「ブログ書生」）のみなさまは、楽しそうに生活しています。

これはすべて、「環境を変えたから」なんですよね。

環境を変えただけで、成果が数倍になり、自分に自信も持てるようになったのです。

実際、わずか1年半ですよ？　ぼくの能力は、ほとんど変化していないはずです。移住直後にアクセス数が2倍になっているので、これは基本的に、能力の問題ではないんです。ぼくが環境を変えたことが、そのままダイレクトに成果に反映された、と理解するべきです。

人間は、自分の能力を過信する傾向があるのでしょう。実は、能力は環境の影響を大いに受けます。

無能だとされた人も、環境を変える「だけ」で、有能な人物に早変わりします。しょせん、人間なんてそんなものなのです。

刺激的な表現を使えば、ぼくらは「環境の奴隷」なのです。

そう、すばらしいのは、この時代です。
環境の奴隷たるぼくらは、絶対的な存在であるその「環境」を、自らの意志で選ぶことができるようになったのです。

これ、10年前は難しかったと思うんですよ。今は「移住」「転職」「休学」「中退」など、環境を変えるためのアドバイスは書店にいけば無数にあふれており、そのための社会制度、民間のコミュニティも整っています。

社会の流動性は着実に高まり、今後もいっそう、人々は自分の環境を選びやすくなります。21世紀は「人々が自分の意志で環境を選べるようになった、革命的な時代」として歴史に刻まれるでしょう。

ぼくらは、本来的に「自由な存在」なのです。国家も法律も、ある意味では幻想です。

それこそ、ぼくらには人殺しをする自由すらもあります。実際に、そういう自由に踏み込み、後悔し、処罰される人もいるわけです。ぼくらの大半が人殺しをしないのは、それが倫理的な行いでない、非合理的な行為であることを本能レベルで知っているからです。

会社を辞めるのも、学校を辞めるのも、好きな土地に移住するのも、あなたの自由です。

誰も、あなたを縛ってはいません。あなたが、あなたを縛り付けているだけです。

「人殺しの自由」へ踏み込むことは、あなたの良心が止めるでしょう。

では「環境を変える自由」へ踏み込むことを阻むのは、いったい、なんなのでしょうか？

「良心」でしょうか、「罪悪感」でしょうか、「恐れ」でしょうか。

ぼくはもっと多くの日本人が、気軽に環境を変えられるようになるべきだと考えています。「私はここにいなくてはいけない、こうあらねばならない」という、心底くだらない「縛り」を自分に与えるから、犯罪が、自殺が、戦争が起きるのです。もっと流動的になれば、ぼくらの社会は優しく、豊かなものになっていきます。

まずは、環境を変えましょう。東京で消耗するのをやめて、住む場所を変えるのです。そうすれば、ぼくの言葉の意味を、感覚としてつかめると思います。

今はほんとうに素晴らしい時代です。

せっかくこの時代に生きているのだから、新しい自由を体験しましょうよ。みなさん、お待ちしております。

平成27年11月27日　山奥の自宅より

イケダハヤト

おまけ
移住に関する「よくある質問」

移住に関して何でも答えます　218

Q　妻が虫嫌いなのですが、どうしたら移住できるでしょうか？　218

Q　30代男性、既婚者です。移住したいんですが、都会が好きな妻は「えー、地方なんて……」と渋ります。　219

Q　首都圏在住・子なし30代の主婦です。結婚していても、別居での単身移住はアリですか？　旦那は仕事があるので来れないんですが、まずは私だけ移住したいんです。　220

Q　海外移住は検討していないんですか？　221

Q　田舎の喫煙環境ってどうですか？　222

Q　独身で、恋人を探しています。婚活のために移住するという考え方はありですか？　223

Q　「農家で自伐型林業家で猟師」という稼ぎ方はどうでしょう？　225

Q　大学生です。都会で就職するのではなく、いきなり新卒として田舎に就職するのはありでしょうか？　226

Q　イケダさんは親と離れて生活していますが、将来的に、介護はどうするんですか？　227

Q 移住地の決め先で悩んでいます。高知はもう先人がいるので、面白くないのかな、とも思っています。まだ誰も開拓していない場所を選ぶべきでしょうか？　228

Q 災害についてはどう考えているのでしょうか？　高知だと南海トラフ地震が来ると言われていますが……。私は不安で、高知は選びたくないと思ってしまいます。　230

Q 地方で働く上で、おすすめの転職サイトはありますか？　231

Q 田舎に住みたいのですが、馴染めるかどうか不安です。　232

Q 東京で消耗してます。移住したいのですが、結局のところ、何から始めるといいのでしょうか？　233

Q イケダさんはなぜ高知・嶺北エリアを選んだんですか？　234

移住に関して何でも答えます

ここで紹介する質問は、ぼくのサイトの質問コーナーに寄せられたものを、少し編集したリアルなものばかりです。

もっと詳しく聞いてみたいという方は、「まだ東京で消耗してるの？」の質問コーナーから投稿してみてください。

（https://ask.fm/nubonba から匿名、無料で質問できます。いただいた質問文はブログの質疑応答コーナーで公開するので、プライベートな情報は投稿しないようにしてください）

Q 妻が虫嫌いなのですが、どうしたら移住できるでしょうか？

A これはほんとうによく聞く話です。

まず、かなり身も蓋もない話ですが、事実として「虫には慣れます」。たぶん、奥さんも移住したらかなり抵抗感が減るはずです。

うちの妻も、今はもうクモを見て騒ぐことはありません。昔はうるさかったんですけどね。クモって益虫なんで、家の中にいる害虫を勝手に駆除してくれるんですよ。うちの妻もぼくも、ここ最近は、クモを見つけるとむしろ「あ、頑張ってるね」と応援するようになりました。家のすみっこをピョンピョン跳ねる、巣を作らないクモ（ハエトリグモ）とか、見慣れるとかわいいですよ。ちなみに彼ら、ゴキブリのこどもを食べてくれるみたいです。

田舎暮らしをするとアブやハチもたくさんいます。最初は怖がってたんですが、今となってはアブは素手でぶっ叩くことができるようになりました。あいつら、意外と鈍いんですよ。そもそもそんなに嚙まれることもないので、放っておいても大丈夫だったりもします（娘が刺されたら嫌なのでなるべく駆除しますが)。

ハチはもうすっかり慣れました。実はハチって、大部分は刺さないんですよね。うちの庭に黒い「ドロバチ」がたくさんいるんですが、奴らは攻撃性もないので、「あぁ、今日も頑張って畑を綺麗にしてくれてるな」と優しい気持ちでスルーしています。

とまぁ、「虫は慣れる」は真実ではありますが、さすがにこれは突き放しているので、別の選択肢も提示しましょう。

これは実に簡単な答えがありまして、中心市街地に住んでください。これなら、虫が苦手でも大丈夫。高知でしたら、高知市の中心部に住めばいいんです。東京の暮らしとほとんど変わらないですよ。

もっとも、完全に虫がいない生活は無理です。が、それは東京も一緒ですよね。クオリティが高めの物件に住めばゴキブリは避けられるので、嫌なら少しだけ奮発しましょう。ぼくは家賃6万3000円の家に住んでましたが、ゴキブリは一度も見ませんでした。

まぁ、ともかく虫は慣れるので、あんまり気にしないで大丈夫ですよ。高知移住を果たした際は、コオロギを食べにうちに遊びに来てください。コオロギ食べられるようになれば、たいていの虫は気にならなくなりますから(笑)。

Q　30代男性、既婚者です。移住したいんですが、都会が好きな妻は「えー、地方なんて……」と渋ります。

A　こちらもたびたび聞きますねぇ。不思議と逆のパターンは聞かなかったり。
対策としては、「パートナーが何を大切にしているか」を聞き出すことからです。「都会の方がいい」と移住を渋っているのなら、その内実を聞いてみましょう。これは実際にあった話で、よくよく妻の話を聞いてみると、「地方にはいい美容院がない」「地方にはオシャレなカフェがない」「都会にはルミネがあるけど、地方にはない」なんてあたりが、地方移住を嫌がる理由だったとか。

彼は「よし、じゃあまずは旅行しようか」と妻を説得し、さりげなくオシャレなカフェを回ったり、地元の友人に聞いてさりげなく美容院に連れて行ったり、オシャレな古着屋に連れて行ったそうです。

すると妻の態度に変化が。

「あ、地方もいいかも」と思い始めたところに、「こっちは子育て環境もいいよ」「ご飯も美味しいよ」「自然のなかで遊べるよ」「仕事もあるよ」とだめ押し。見事に家族での移住を実現しました。

要するに、地方を渋る理由は、だいたい「勘違い」なんですよ。地方から出てきた人は、15年前の印象で語っていたりしますしね。現地を丁寧に見ていけば、移住を渋っている場合も「あ、いいかも」と思えるはずです。

Q 首都圏在住・子なし30代の主婦です。結婚していても、別居での単身移住はアリですか？　旦那は仕事があるので来れないんですが、まずは私だけ移住したいんです。

A これ、超面白いですね！　いわば「別居移住」という選択肢は、ほとんど語られていない気がします。が、大いに「あり」です。

ご夫婦の関係が良好なら、いい選択肢になるでしょうね。ポジティブな単身赴任という感じで、週末になったら旦那さんを呼んで、のんびり観光を楽しんでもいいわけですし。うまく移住先に根付くことができたら、旦那さんの仕事も見つけることができそうです。

「移住は家族全員でするもの」という暗黙の理解があるような気がしますが、これもまた幻想、思い込みなんでしょうねぇ。「旦那は東京で、妻は長野」とかなら距離も近いので、別荘を持つノリで生活の質を上げられそうです。夫婦のあり方は人それぞれなので、オリジナルなスタイルをぜひ実現してほしいです。

Q 海外移住は検討していないんですか?

A ぼくは日本が好きなので、海外は検討しませんでしたねぇ。でも、海外もめちゃくちゃ面白いと思いますよ。好みの問題なので、日本よりも国外が好きなら、それもたいへんいい選択肢です。最近だとベルリンとか熱いみたいですね。あとはベトナム、フィリピンのような東南アジア。

ただ、最近如実に感じるのは、世界って似てきているということです。たとえばぼくが第4部で書いたような「新しい田舎暮らし」的な話は、アメリカだと「パーマカルチャー」なんてキーワードで、同様の話が語られているということです。あえて国外に行ってそれをやらずとも、すでに自分がフィールドを持っているので、ここでやればいいと思っちゃうんですよね。たぶん、仮にぼくがアメリカに行ったとしても、同じようなことをしていると思うので。

面白い話で、ここ最近は先進国の若者の嗜好とファッションが似てきているそうです。世界のイケてる若者たちは、みんな「アップル製品を持っており、地元愛が強く、ベジタリアン傾向で、オープンマインドかつマイノリティに寛容で、シンプルな自然派素材の服を着ている」んですよ。

変な話、ぼくは「都会でサラリーマンやってる日本人の友人」よりも、「海外でパーマカルチャー的な暮らしをしている初対面の若者」の方が、100倍話が合うし、一瞬で打ち解ける自信があります。その場で盛り上がって「よし！　日本の空き家問題を体験してもらいたいから、一緒に荒地の開墾に行こう！」みたいな話になるわけですね。もはや言語の壁すら越えて、仲良くなれると思います。

ぼくは日本で自分のフィールドを整え、そこをベースに、同じ興味関心を持つ海外の人とつながっていければ、それでいいと考えています。今はすばらしい時代で、ぼくが面白い場所を作っておけば、勝手に海外から人がやってきます。慣れない海外でゼロから頑張るより、土地勘がある日本で自分の作品を作り、海外の仲間とつながっていきたいですね。

Q 田舎の喫煙環境ってどうですか？

A これも面白い観点の質問ですね。東京に比べると、地方は分煙ができておらず、言い換えると、喫煙者に優しい空気がまだ残っています。

ぼくは非喫煙者でタバコも嫌いなので、ここだけは嫌だなぁ……と思っていたんですよ。

けれど、高知市内で生活して3ヶ月ほど経っても、モクモクと吸っている人を見かける割に「くせぇなぁ……」と不快な思いをしていないんです。多摩市にいた頃は路上喫煙しているっさんを、毎日のように憎悪していましたから。ほんと、こどもに優しくない。

で、なんでなのかと思ったら、高知のような地方は、人と人の距離が物理的に遠いんです。街を歩いていて、タバコの煙をモクモクさせている人がいても、その人との距離があるので不快になることはないんですよ。

カフェなんかも、喫煙している人から遠い席に座れば、別に「分煙」じゃなくても問題がないわけです。高知のお店は基本的にどこも空いているので、突然隣に喫煙客がやってくることもありません。実際、そんな経験はありませんし、そうなったとしても空いてる席に移動すればいいだけです。人口密度が低いというのは、すばらしいことなのです。

もっといえば、ぼくが住んでいる限界集落のような場所だと、どこでいつタバコを吸おうが、誰かの迷惑になることもありません。タバコどころか、野焼きの煙がもうもうと立ち込めてますからね。タバコとかぜんぜんちっぽけですよ。

喫煙習慣自体は健康にも社会にも良くないものですが、まぁ、好きな人は仕方ないでしょう。東京の厳しさにうんざりしている喫煙者は、地方に行くとだいぶ楽しみやすくなるはずです。

Q　独身で、恋人を探しています。婚活のために移住するという考え方はありですか？

A　最高です。これ、かなり合理的だと思いますよ。

実例ベースでいっても、愛知の大企業をやめて高知に移住した同世代のブロガーが、移住して3ヶ月で素敵なパートナーをゲットしています。「25歳から32歳の7年間、恋人がいなかった」というから、移住効果のすさまじさに驚かされます。

なぜ婚活移住がありかというと、地方では異性が余っているんですよ。婚活業界では有名な話で、女性の未婚率って「西高東低」、つまり福岡あたりに行くと結婚願望がある若い女性が割合として多いんです。逆に、未婚男性は東北あたりに多く分布しています。なぜそうなるかはよくわかりませんが、人口動態のメカニズムって面白いですよね。ちなみに高知も未婚率が比較的高く、特に30代の女性未婚率は全国6位となっています（２０１０年度）。

まぁ、統計を紐解くまでもなく、地方には魅力ある男女が割と余っています。地方に出て生活すればわかりますよ。やっぱり出会いが少ないんでしょうねぇ。

もうひとつ、地方に移住することで、自分をリセットすることができるのも、大きなメリットです。前述のブロガーはまさにそんな感じで、高知に移住してからおそらく別人レベルで人が変わっています。高知の空気と移住という転機が、大企業に縛られていた彼を自由にし、本来の魅力を引き出してくれたのでしょう。

さらにいうと、異性が持つ価値観も、地域によってかなりの差がある印象を受けます。戯画的にいえば、愛知県あたりだと「トヨタに勤めている人が最高」なわけです。東京も「恋人にするなら電通マンか医者」みたいなバブリーな空気がありますよね。

高知にはトヨタ本社も電通もありませんから、自然と地元の方々の価値観にも差ができます。こちらもあえて端的に語れば、高知の女性は男性がどんな肩書きを持っているかを、特段気にしない傾向がありますね。フリーターだろうが会社員だろうが、ちゃんとその人の魅力を見て判断する力強さがあります。

これは、高知の女性は全国的にも「自立度」が高いことが関係しているのでしょう。ちょっと笑ってしまう話で、高知は「女性の起業率・管理職比率・有職率」がすべて全国トップなんです。「男子が情けない」という話は、地元の女性からよく聞きますね。

異性の気質や、パートナーを見る目は、意外なほど地域によって違いがあります。自立した女性が多い高知なら、他の地域で埋もれている男性も、きっと輝けるはず！

最後に、最近は地方自治体も「婚活」に力を入れていますね。高知でも自治体主催の婚活イベントが頻繁に開催され、毎回人気ですぐに満席になります。恋人がほしい方は、それをひとつの目的に地方移住するのも、大いにありだと思いますよ。

Q 「農家で自伐型林業家で猟師」という稼ぎ方はどうでしょう？

A 超面白いです！　そして、それ実際ちゃんと稼げると思います。

先日自伐型林業の話を聞きに行ったのですが、まさに、そのように暮らしている人の事例も伺いました。自伐型林業界のオピニオンリーダー、中嶋健造さんによれば、「自伐型林業は複業が基本」とのこと。林業＋農業＋きのこ栽培＋山菜加工販売＋狩猟＋エコツーリズム＋ゲストハウス経営…などなど、シナジー効果が期待できる事業展開が鍵になる、というお話をしていました。

空き家を使ってエアビーアンドビーに登録して、「狩猟体験、林業体験ができる宿」とかにしたらウケそうですよね。これからはこういった「ローカルな体験ができる民宿」が流行ってくると見ています。

また、いざ地域に入り込んでみると、「あれもできる、これもできる」とさまざまなアイデアが湧き出てくると思います。「とりあえず、自伐型林業と狩猟と農業がやりたいと思っています」という程度の「ゆるい願望」を持った上で地域に入ると、パーツがどんどん揃っていきますよ。

フィールドとしては、やっぱり高知をおすすめしたいですね。実際、高知は自伐型林業が盛んです。佐川町、本山町あたりは地域おこし協力隊枠で林業に取り組むこともできます。他にも協力隊枠で自伐型林業ができる地域がありそうなので、ちょっと頑張って調べてみることをおすすめします。

Q 大学生です。都会で就職するのではなく、いきなり新卒として田舎に就職するのはありでしょうか?

A めちゃくちゃ「あり」です。

が、ちょっと注意も必要でしょうね。まず、休学しましょう。そして、元気のある地方に1~2年滞在してください。被災地とかは面白い人が集まっているので、休学して活動するにはもってこいです。もちろん高知もおすすめです。1~2年実際のフィールドで活動すると、どんなかたちで働くことができるか、イメージがクリアになっていきます。

ちなみに、うちのアシスタントも大学卒業後、いきなりフリーランスになってぼくの仕事手伝ったり、空き家を改修したりして楽しく生きています。彼もやはり、休学をして被災地で活動していましたね。学生時代の経験を生かして、今は高知で大活躍です。

いずれにせよ、実際にフィールドに出ることが大切です。将来地方で働きたければ、今のうちに、地方に出てください。逆にいうと、都会で勉強している程度では、地方で生き抜くことはできません。地方で経験を積むのは、一刻も早いほうがいいでしょう。

奨学金などの都合で休学が難しいのなら、いっそ大学を辞めるのも選択肢のひとつです。地方で活躍するというビジョンを実現することと、大学を卒業することはあんまり関係ありませんから。実際、地方では大学出ていないけれど活躍している人材が山ほどいます。

まぁ、学校を辞めるのは思い切りが必要なので、決断するのは実際にフィールドに出てからにしましょう。長期休みを利用して、地方に1ヶ月滞在するだけでも、色々見えてくるはずです。高知・嶺北でお待ちしております（笑）。

Q イケダさんは親と離れて生活していますが、将来的に、介護はどうするんですか？

A これはクリティカルな質問です。これから、「親世代の介護をどうするか」は、若い移住者たちの共通の悩みになっていくはずです。ぼくの次回作は、「移住者の親の介護問題」をテーマにしようと思っています。

わが家の場合は、まだそこまで議論していませんが、やっぱり「高知に来てもらいたい」というのが本音ですね。慣れた土地を離れてもらうのは申し訳ないですが……。

いくつかポイントがあるとすると、地方の方が、介護にまつわる環境もいいはずなんです。都会だと「老人ホームの空きがない」なんて話を聞きますが、地方、特に過疎地になれば、だいぶ問題も緩和されます。実際、じわじわと「介護移住」は現実になってきており、介護が必要になったために東京を捨てて地方に移住した高齢者もいらっしゃいます。地方といっても多様なので一概には言えませんが、人口過密の東京よりは、だいぶ生活環境・介護環境がいいのではないかと思われます。

また、地方は生活コストが低いのもメリットです。老後、年金しか収入がないとしても、地方ならそれなりに生活することができます。収入が限られる「老後」だからこそ、地方に住むことは合理的になってきます。

なんなら、ぼくが小さな家を建ててあげることもできます。地方なら、親のためにバリアフリーな新築を建てることも、そう難しくありません。これは東京じゃありえない話でしょうね。

高齢の方の場合「移動」が問題になりがちですが、少し未来を見れば、自動運転車というイノベーションも待ち受けています。２０２０年には、高速道路の自動運転が始まると言われています。15年後には、「ボタンひとつでクルマがやってきて、地元スーパーまで連れて行ってくれる」なんて未来が訪れていることでしょう。

今のところはうちの両親は元気なので、現実的な問題としては直面していません。時代の流れと技術の進歩によって、当事者の判断も変わっていくでしょう。今は「高知に来てもらえるといいし、来てもらえるように環境を整える」という努力にとどめ、「その時になって考える」という程度で捉えています。

Q 移住地の決め先で悩んでいます。高知はもう先人がいるので、面白くないのかな、とも思っています。まだ誰も開拓してい

ない場所を選ぶべきでしょうか?

ぼくは先輩移住者が多い地域をおすすめしますねぇ。

まず、どの田舎も、まだ「先行者利益」なんてものは独占されていませんよ。むしろ、田舎はまだまだ先行者利益だらけです。うんざりするほど、「これ誰かやったらぜったいウケるのに……」というビジネス、企画のタネが眠っています。

この時代に移住しようとしている時点で、そもそも相当な「先行者」なんです。実際に来てみればわかりますが、移住者がすでに多かったとしても、できることは驚異的にたくさんあります。移住者が多い地域であればあるほど、関わるチャンスも多いと思います。いやもう、人が全然足りませんよ。嶺北、遊びに来てください。来れば意味がわかります。

もうひとつ、移住者が多い地域の方が、単純に「住みやすい」はずです。理由はいくつかあって、「地元住民も移住者受け入れに慣れている」「移住者がすでにコミュニティを作っているので入りやすい」「移住者がイケてるお店、イベントをやっているので楽しい」なんてところでしょうか。お子さんがいる場合は、移住者が多い地域の方が友だちができやすくて助かると思います。

ゼロから開拓するのもまたひとつの手ですが、意地悪くいえば、移住者が少ない地域には「少ない理由」があるんです。たとえば、行政のやる気がゼロだったり、アクセスが極端に悪かったり、地域住民が完全に諦めていて火がつかなかったり、若者と女性が活躍しにくい文化が残っていたり……。そういうハードルを越えられるモチベーションがあるのなら、あえて移住者がまだいない地域に行くのもありだと思います。

ぼくは余計なことに時間を使いたくないので、先人たちが整えてくれた高知県嶺北エリアをフィールドとして選びました。ご参考になれば幸いです。

Q **災害についてはどう考えているのでしょうか？　高知だと南海トラフ地震が来ると言われていますが……。私は不安で、高知は選びたくないと思ってしまいます。**

A 質問って面白いですねぇ。ぼく、これ逆なんですよ。

高知は、南海トラフ地震が来ることを、かなり高いレベルで市民が「わかっている」んです。ゆえに、県をあげて耐震補強をしたり、津波対策を行ったり、民間でも防災訓練に力を入れたり。この「防災意識の高さ」は、ぼくが移住した理由の一つです。

地震は東京だろうが九州だろうが、日本にいる限り基本的にどこにいても起きうるわけで、もはや避けられないわけです。

だったら、防災意識が高い土地にいた方が、生存率は上がりますよね。災害が起こる可能性が高く、住民意識も高いというのは、この日本においては重要な「強み」です。

一番怖いのは、東京のような大都市だと思うんですよね。防災意識は低く、それでいて被害も甚大。オフィスが立ち並ぶ都心部は災害の備えがろくにできていない、というのは有名な話です。

防災意識が高い高知なら、もしも災害が起きたとしても、被害は最小限に抑えられるでしょう。ぼくは山の中に住んでいるので、災害が起きたとしても、そんなに生活には困りません。

水はジャバジャバ流れてるし、うんこは畑にすればいいし、野菜も果物もそこらじゅうに育っているし、タンパク源としてはコオロギがいます。ついでにいうと、ぼくが住む本山町は地盤も硬いとか。

住む場所にもよりますが、地方は東京に比べて、断然災害に強いんですよ。東京では、冗談ではなく、トイレが使えなくなったら大パニックになりますからねぇ。

Q 地方で働く上で、おすすめの転職サイトはありますか？

A いいご質問。最近は面白い転職サイトも増えてきているんですよ。

まずおすすめしたいのは「パラフト」。こちらは「完全在宅勤務可能」「週3日の勤務だけど、正社員雇用」「地方拠点あり」など、新しい働き方に特化した求人サイトです。代表の中川亮さんとは数年来の友人で、個人的にも応援しているサービスです。

たとえば「パラフト」に掲載されている「株式会社キャスター」。ここは「オンラインアシスタント」サービスを運営するベンチャー企業で、なんとスタッフは全員がリモート（在宅）勤務。会社に出社する必要はなく、仕事のやりとりはすべてオンラインで行う勤務方式を取っています。

最近はこういった会社は珍しくなく、パラフトには他にも「原則的に出社不要」の求人が複数掲載されています。今はもう、時代が違うんですよ。固定のオフィスを持つのはコストになり、会社にとっても負担なわけです。かくいうぼくも、イケハヤ事務所は全員がリモート勤務です。メンバーが集まるのは、半年に一度くらいでいいんじゃないでしょうかね。

他のサイトだと、最近地方のハイレベル求人に力を入れている「ビズリーチ」は一見の価値があります。地方の求人というとどうしても年収が低いイメージがありますが、ビズリーチはもともと高年収人材向けの求人サイトだけあって、掲載される仕事もハイレベル・年収高めです。「東京で経験を積んだけど、今後は地方で自分の力を試したい」と考えている30～40代の方なんかにおすすめですね。

「日本仕事百貨」にも、すばらしい地方の求人が数多く掲載されています。こちらは「お給料は決して高くないけれど、哲学のある素敵な職場」が多い印象ですね。読み物としても楽しめる求人サイトなので、暇つぶしにサイトをチェックしていくと止まらないはず。

最後は、先ほども紹介した「地域おこし協力隊」のサイトですかね。ただ、こちらは募集要項がざっくりしすぎているので、求人サイトとしては「こんな自治体が募集しているんだな」という参考程度にしかなりません。応募に当たっては、追加のリサーチをしてから臨みましょう。

Q 田舎に住みたいのですが、馴染めるかどうか不安です。

A まず、これまで語ってきた通り、田舎に移住する場合は一歩一歩コマを進めることが大切です。一足飛びにど田舎に行くと、まぁ、よそ者扱いされて排除されて終わりでしょう。下手するとうつ病になります。

とはいえ、この質問をした方は、そんなことはわかっていて、「慎重にコマを進めた結果、それでも馴染めなかったらどうしよう」と考えているような気がします。

そういう場合は、普通に、また別の地域に行けばいいと思います。

ええ、ダメだったらいいんですよ。会社選びと一緒です。就職してみないとわからないですし、相性が悪ければ、別の会社に転職しましょう。以上、オッケー、それでオールライトなのです。

みなさん「移住」という行為を、深く考えすぎだと思うときがあります。「ここに骨をうずめなくちゃいけない！」みたいな強迫観念に囚われている人はいますし、実際に地元の人からそれを求められることもあるかもしれません。

が、自分の人生は自分のものであって、嫌ならさっさと抜け出すべきです。その方が、地域のためにもなります。

変に我慢してしまっては本末転倒、あなた自身が自然な状態でい続けられる場所を探す努力を続けましょう。

Q 東京で消耗してます。移住したいのですが、結局のところ、何から始めるといいのでしょうか？

A そうですね。まずはやっぱり、長期の休みを使って「移住体験施設」に泊まってみるのがいいでしょうね。連休は埋まりがちですが、早めに予約すれば施設は空いているはず。

単なる旅行で終えるのはもったいないので、行政や民間の移住相談窓口に、あわせて相談してみてください。友だちの友だちなんかが住んでいれば、その人の話も聞いてみてください。

ただ、地元の一般人に話を聞くと、得てして「ここは仕事ないよ」的な悲観的トークにしかならないので、ポジティブに地域を見ることができる起業家の方なんかがいれば、その人の話もぜひ聞いてみてください。

移住地選びは、結局のところ「人」で選ぶのが一番だと考えています。会社選びと一緒ですね。一緒に働いていて、過ごしていて気持ちがいい人たちがいる場所を選んでおけば、後悔することはないはずです。

Q イケダさんはなぜ高知・嶺北エリアを選んだんですか?

A 前の質問と関係する話で、端的にいうと「人の魅力」です。なので、なかなか文章では伝えられないのですが……。ここは今、移住者が続々と集まっているんですよ。

何か大きな産業があるわけでもないんですが、地域の魅力と人の魅力が重なって、磁石のように人を集めているのです。

税収や人口など、基礎的なデータを見れば悲観的になってもおかしくない地域なのですが、不思議とここに住む人たちはポジティブで、楽しく生きているように見えます。ど田舎なのに、なにかここは、明るい空気が漂っているんですね。お試し住宅があるので、実際に来て、感じてください。

経験上、面白い人が集まっている場所には、さらに面白い人が集まってくるんです。

ここ嶺北地域は、今後もさまざまな分野で、面白い人が集まってくるはずなんですよね。その可能性に純粋にワクワクしているので、ここで子育てをすることに決めました。多拠点化はありえますが、少なくとも20年はここをベースに活動するつもりです。

著者略歴

イケダハヤト

ブロガー。1986年生まれ。
早稲田大学政治経済学部卒業後、大手メーカーに勤務。
会社員生活を経験した後、3年目に独立。
2015年に家族で東京から高知県の限界集落に移住。
ブログ「まだ東京で消耗してるの？」の月間閲覧数は約300万。
オンラインサロンを主宰するほか、『ビッグイシューオンライン』編集長も務める。
『新世代努力論』『仏教は宗教ではない』（アルボムッレ・スマナサーラ氏との共著）
『武器としての書く技術』など著書多数。

幻冬舎新書 404

GENTOSHA

まだ東京で消耗してるの？

環境を変えるだけで人生はうまくいく

二〇一六年一月三十日　第一刷発行

著者　イケダハヤト

発行人　見城　徹

編集人　志儀保博

発行所　株式会社　幻冬舎

〒一五一-〇〇五一　東京都渋谷区千駄ヶ谷四-九-七

電話　〇三-五四一一-六二一一（編集）

〇三-五四一一-六二二二（営業）

振替　〇〇一二〇-八-七六七六四三

ブックデザイン　鈴木成一デザイン室

印刷・製本所　株式会社　光邦

Printed in Japan　ISBN978-4-344-98405-9 C0295

い-25-1

幻冬舎ホームページアドレス http://www.gentosha.co.jp/

＊この本に関するご意見・ご感想をメールでお寄せいただく場合は、comment@gentosha.co.jp まで。

幻冬舎新書

福澤徹三
自分に適した仕事がないと思ったら読む本
落ちこぼれの就職・転職術

拡大する賃金格差は、能力でも労働時間でもなく単に「入った企業の差」。この格差社会で「就職」をどうとらえ、どう活かすべきか？　マニュアル的発想に頼らない、親子で考える就職哲学。

五木寛之
下山の思想

どんなに深い絶望からも、人は起ち上がらざるを得ない。だが敗戦から登頂を果たした今こそ、実り多き明日への「下山」を思い描くべきではないか。人間と国の新たな姿を示す画期的思想!!

諸富祥彦
人生を半分あきらめて生きる

「人並みになれない自分」に焦り苦しむのはもうやめよう。現実に抗わず、今できることに集中する。前に向かうエネルギーはそこから湧いてくる。心理カウンセラーによる逆説的人生論。

古田隆彦
日本人はどこまで減るか
人口減少社会のパラダイム・シフト

二〇〇四年の一億二七八〇万人をもって日本の人口はピークを迎え〇五年から減少し続ける。四二年には一億人を割り、百年後には三分の一に。これは危機なのか？　未来を大胆に予測した文明論。

原田曜平
ヤンキー経済
消費の主役・新保守層の正体

若者の消費離れが叫ばれる中、旺盛な消費意欲を示すのがマイルドヤンキー層だ。「スポーツカーより仲間と乗れるミニバンが最高」など、これからの日本経済を担う彼らの消費動向がわかる一冊。

森博嗣
作家の収支

38歳で僕は作家になった。以来19年間で280冊、総発行部数1400万部、総収入15億円。人気作家が印税、原稿料からその他雑収入まで客観的事実のみを赤裸々に開陳。掟破りの作家の経営学。

近藤勝重
必ず書ける「3つが基本」の文章術

文章を簡単に書くコツは「3つ」を意識すること。これだけで短時間のうちに他人が唸る内容に仕上げることができる。本書では今すぐ役立つ「3つ」を伝授。名コラムニストがおくる最強文章術!

出口治明
人生を面白くする
本物の教養

教養とは人生を面白くするツールであり、ビジネス社会を生き抜くための最強の武器である。読書・人との出会い・旅・語学・情報収集・思考法等々、ビジネス界きっての教養人が明かす知的生産の全方法。

幻冬舎新書

鍋田恭孝
子どものまま中年化する若者たち
根拠なき万能感とあきらめの心理

幼児のような万能感を引きずり親離れしない。周囲に認められたいが努力するのは面倒——今そんな子どもの心のまま人生をあきらめた中年のように生きる若者が増えている！ ベテラン精神科医による衝撃報告。

長沼毅
辺境生物はすごい！
人生で大切なことは、すべて彼らから教わった

人類にとっては極地、深海、砂漠などの辺境は過酷で特殊な場所だが、地球全体でいえばそちらのほうが圧倒的に広範で、そこに棲む生物は平和的で長寿で強い。我々の常識を覆す科学エッセイ。

曽野綾子
人間の分際（ぶんざい）

ほとんどすべてのことに努力でなしうる限度があり、人間はその分際（身の程）を心得ない限り、到底幸福には暮らせない。作家として六十年以上、世の中をみつめてきた著者の知恵を凝縮した一冊。

桜井章一　藤田晋
運を支配する

勝負に必要なのは、運をものにする思考法や習慣である。20年間無敗の雀鬼・桜井氏と、「麻雀最強位」タイトルホルダーの藤田氏が自らの体験をもとに実践的な運のつかみ方を指南。

幻冬舎新書

中野雅至
日本資本主義の正体

いまや資本主義は、低成長とパイの奪い合い、格差拡大という三つの矛盾を抱え、完全に行き詰った。日本資本主義の特殊性を謎解きし、搾取の構造から抜け出す方法を提示する。

森博嗣
孤独の価値

人はなぜ孤独を怖れるか。寂しいからだと言うが、結局つながりを求めすぎ「絆の肥満」ではないのか。本当に寂しさは悪か。——もう寂しくない。孤独を無上の発見と歓びに変える画期的人生論。

伊藤真
説得力ある伝え方
口下手がハンデでなくなる68の知恵

相手を言い負かすのではなく、納得した相手に自発的に態度や行動を変えてもらうのが「説得する」ということ。カリスマ塾長・経営者・弁護士として多くの人の心を動かしてきた著者がその極意を伝授。

小池龍之介
しない生活
煩悩を静める108のお稽古

メールの返信が遅いだけなのに「自分は嫌われている?」と妄想して不安になる——この妄想こそ仏道の説く「煩悩」です。ただ内省することで煩悩を静める、「しない」生活のお作法教えます。